비싼 화장품,

내게도 좋을까?

디자이너 블랙페퍼디자인

어떤 디자인이든 맛있게 디자인하는 디자인 스튜디오입니다.

✉ woodong07@naver.com

에디터 하순영

머메이드의 도서를 기획, 편집합니다. 머메이드는 독자의 마음에 울림이 남는 콘텐츠를 만듭니다.

mermaid.jpub

비싼 화장품, 내게도 좋을까?

1쇄 발행 2023년 11월 8일

지은이 오경희

펴낸이 장성두

펴낸곳 머메이드

※ 머메이드는 주식회사 제이펍의 단행본 브랜드입니다.

출판신고 2021년 8월 12일 제2021-000123호

주소 경기도 파주시 회동길 159 3층 / **전화** 070-8201-9010 / **팩스** 02-6280-0405

홈페이지 mermaidbooks.kr / **독자문의** mermaid.jpub@gmail.com

소통기획부 김정준, 송찬수, 이상복, 박재인, 김은미, 송영화, 배인혜, 권유라, 나준섭

소통지원부 민지환, 이승환, 김정미, 서세원 / **디자인부** 이민숙, 최병찬

용지 에스에이치페이퍼 / **인쇄** 한승문화 / **제본** 일진제책사

ISBN 979-11-977723-5-1 (13590)

값 18,800원

비싼 화장품,
내게도 좋을까?

오경희 지음

프롤로그

비싼 화장품은 만능일까?

똑똑한 소비자들의 반란

"어머, 나이보다 어려 보이세요. 어떻게 관리하세요?"

요즘 우리 사회에서 최고의 칭찬이다. 자신의 나이보다 젊게 보이고자 하는 것이 한국 사회의 트렌드다. 나이보다 어려 보이는 것은 생각보다 쉽지 않다. 경제적 지위와 사회적 지위가 그 사람의 능력을 대변하듯, 이제 자기 나이보다 어려 보인다는 것도 그 사람만의 남다른 관리 능력이 있다는 것을 말해준다.

나는 화장품과 피부에 관련된 일을 18년간 해왔다. 초창기에는 피부관리사로 일하며 화장품을 직접 만드는 방법을 알려주는 강의를 했고, 지금은 화장품을 제조하고 판매하는 사업도 하고 있다. 피부에 관련된 일을 하다 보니 자연스럽게 피부에 관심 있는 사람들을 많이 만나게 되었고, 그들 중 일부는 고객들이 되어 지금까지 만남이 이어지고 있다.

화장품 시장에서 소비자들은 날이 갈수록 스마트해지고 있다. 그들은 유튜브를 비롯 각종 소셜 미디어 채널을 통해 분야별 정보에 손쉽게 접근할 수 있다. 화장품에 대해서도 받아들이는 정보의 양이 많아지는 만큼 아는 것이 많아졌다. 그런데 막상 정보에 대한 정확한 이해가 부족해서 생활에 적용할 때 잘못 실행하는 경우가 많다. 때론 같은 정보에 대해서도 일반인부터 전문가들까지 다양한 사람들이 쏟아내는 정보이다 보니, 견해가 다른 경우 어디에 맞추어야 할지 갈팡질팡하게 되기도 한다.

어릴 적 엄마는 내게 "품질을 모르면, 가격을 보라"는 말을 많이 했다. 그만큼 비싼 것이 제값을 한다는 것이 당시 사람들의 지론이었다. 하지만 경제가 발전하고, 수많은 회사들이 경쟁하는 현대 사회에서는 가격만으로 제품의 질을 판단하기 어렵다. 오늘날 제품의 질은 평준화되고 있고, 소비자들에겐 기업이 추구하는 핵심 가치, 그리고 고객 및 사회에 대한 진정성이 더 중요한 시대가 되었다.

더불어 소비자들은 필요하면 스스로 공부하여 문제를 해결하려고도 한다. 내 피부가 좋지 않다면, 피부에 대한 고민이 있다면, 피부 노화를 늦추고 싶다면, 건강한 음식 섭취와 운동이 기본이라는 것을 알 거다. 그다음 단계로 피부와 자신에게 맞는 화장품 원료 성분을 공부하고 테스트해보자. 피부와 화장품에 관한 공부는 이 책이 도와줄 수 있다고 자신한다. 수많은 종류의 화장품과 광고들, 소셜 미디어 인플루언서들의 피부 관리에 대한 정보 홍수 속에서 나만의 화장품과 관리 방법을 찾기란 쉽지 않다. 수학 공부를 할 때 기초 연산이 필수 조건이듯, 알맞은 화장품을 선택하려면 원료에 대한 기초 지식이 무엇보다 중요하다.

나는 '오드리의 블링블링'이란 유튜브 채널을 통해 화장품의 기본 원리, 화장품 원료, 화장품 만드는 방법을 소개하고 있다. 화장품 회사의 대표로서 화장품에 대한 진심을 담아, 정확한 화장품 정보를 전달하려 노력해왔다. 수많은 화장품 회사들이 제품의 장점을 부각하기 위해 일반인이 잘 알아채지 못하는 진실과 거짓의 경계에 있는 문구로 광고를 하기도 한다. 소비자는 내용을 잘 알지 못하면 아리송한 문구에 홀려 나중에 속은 기분을 느낄 수도 있다. 가끔 어떤 고객은 내게 유튜브에서 본 광고를 언급하며, 정말 기미가 열흘 만에 없어질 수 있냐고 물어보기도 하는 게 현실이다.

태어나서 죽을 때까지 매일 사용하는 것 중 의식주를 제외하고 어떤 것이 있을까? 바로 화장품이다. 화장품은 외양을 단장하기 위해서 사용하는 물건이지만, 여러 가지 화학 원료로 구성되어 있는 화학 물질이다. 잘 알고 사용한다면, 여러분의 피부를 더욱 돋보이고 매력적으로 보이게 만들어주는 강력한 무기가 될 것이다.

"어떻게 하면 나도 오드리처럼 피부가 빛나게 할 수 있어요?"

유튜브 구독자들이나 나의 고객들에게서 자주 받는 질문이다. 피부를 빛나게 하는 방법에는 여러 가지가 있겠지만 일상에서 매일 쓰는 화장품으로 피부를 가꾸는 방법을 정리해주면 좋겠다는 생각이 들었다. 건강하고 예쁜 피부를 위한 관리는 피부과 시술이나 수술을 하지 않는 이상, 생각보다 긴 여정이다. 처음 잘못된 길을 들면, 가끔 영영 돌아나오지 못해 엄청난 돈과 시간을 써야 할 수도 있다. 이 책을 통해 건강한 피부로 가는 길을 찾는 사람들에게 정확한 정보를 주는 길잡이가 되고 싶다.

목차

3장

제형별 기초 화장품의 올바른 사용법과 직접 만들기

4장

몸 전체 피부 관리

5장

화장보다 더 중요한 클렌징

6장

건강한 피부의 기본: 보습과 미백

7장

데일리 스킨 케어 ① 안티에이징

8장

데일리 케어 ② 트러블 해결하기

9장

나만의 맞춤형 화장품 조제법

10장

건강한 피부를 위한 또 다른 제안

부록

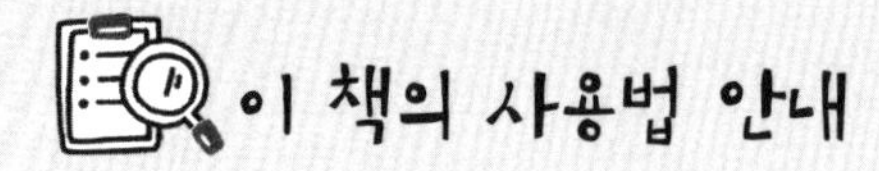

누구에게 어떻게 사용될 수 있는 책인가?

이 책은 피부 관리에 관심이 있고 화장품으로 평상시 꾸준히 관리하고자 하는 사람들에게 **화장품 실용 사전**처럼 사용될 수 있다.

이 책을 읽는 순서와 방법은?

처음부터 순서대로 읽어도 되고, 자신의 피부 고민에 관련된 내용만 찾아서 읽어도 된다. 전문적인 내용에 대해서는 세세하게 이해하지 못하고 결론 부분만 알아도 피부 관리와 화장품 선택에 있어 많은 도움이 될 것이다. 각 장이 유기적으로 연결되어 있지만, 각 장을 개별적으로 읽어도 이해가 될 수 있도록 집필했다.

이 책의 주요 구성은 어떠한가?

이 책에는 화장품이 작용하는 원리, 피부를 돋보이게 해주는 다양한 기능별 화장품 원료들, 피부 타입에 따라 화장품 선택하는 방법, 성분 간 궁합을 이용한 효과적 화장품 사용 방법 등을 담았다. 기초 화장품 외 헤어, 바디 제품까지 자세히 기술하여 실제 적용할 수 있도록 했다.

건강하고 예쁜 피부를 유지하기 위해 효과가 좋고 인기 있는 기능성 화장품 원료 소개뿐만 아니라 원하는 성분과 원료를 활용하여 집에서도 간단히 만들어볼 수 있도록 레시피를 실었다. 알아두면 쓸모 있는 화장품 상식도 첨가하여 자신에게 꼭 맞는 화장품을 선택하는 똑똑한 소비자가 될 수 있도록 했다.

1장

아름다운 피부에 대한 욕망과 피부 기초 상식

화장품 성분 명칭에 대한 안내

독자들의 이해를 돕기 위해 가급적 화장품 제품명이나 광고에 사용되는 용어를 사용했고, 실제 국제화장품명명법(INCI)과 큰 차이가 있는 경우에는 혼동을 피하기 위하여 괄호로 화장품원료표준명칭(INCI명)을 병기하였다.

아름다운 피부에 대한 욕망

우리는 매일 아침 거울을 들여다보며 안색과 피부 상태를 확인한다. 피부는 우리 몸의 부속 기관으로 몸 전체와 유기적으로 연결되어 신체의 어떤 부분이 제대로 기능하지 못하면 이를 알아차릴 수 있게 해준다. '지피지기면 백전불태'라는 말이 있다. 지식과 기회를 잘 활용하는 사람이 항상 승리한다는 뜻이다. 피부를 건강하고 보기 좋게 하기 위해서도 지식과 기회를 잘 활용해야 한다.

사람들은 사회 활동을 하며 개성을 표현하고, 타인으로부터 인정을 받고자 하는 마음이 있다. 이로 인해 보기 좋고 아름다운 외모와 피부에 대한 욕망도 생기게 된다.

집필을 위해 200여 명의 여성들에게 피부 미용과 관련된 설문조사를 시행해보았다. 설문조사 전 나는 주변의 30대, 40대 여성들이 피부과 시술에 관심이 많기에, 피부 관리 방법으로 피부과 시술을 가장 선호할 줄 알았다. 그러나 피부과 시술은 순위권 밖은 아니었지만, 아주 상위권도 아니었다. 대

질문1 **피부가 좋아지기 위해서 가장 중요하다고 생각하는 두 가지는 무엇인가요?**

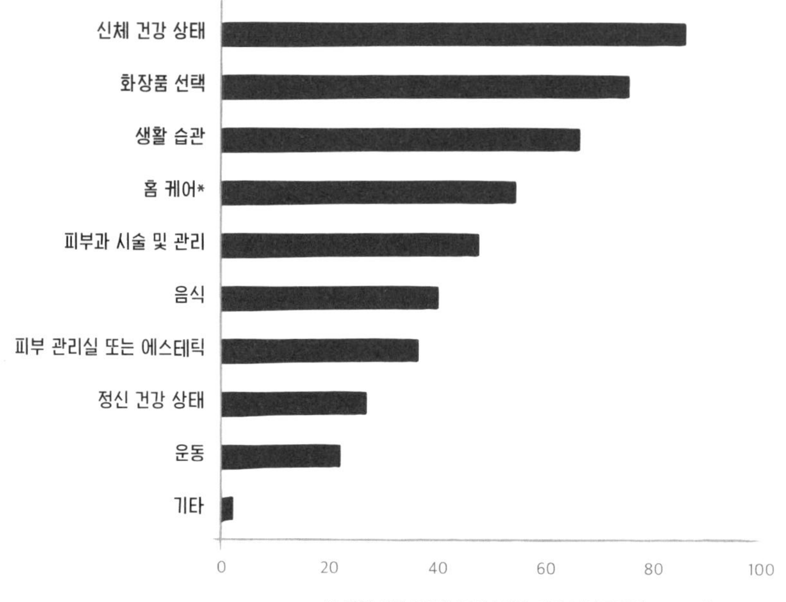

※ 자체 설문 조사(2023년 5월): 전국 여성 무작위 20~70대, 227명 응답

* 집에서 하는 개인적인 스페셜 방법, 팩이나 미용 기기 등

다수의 사람들은 '신체 건강 상태'와 '화장품'이 건강한 피부를 만드는 중요 요소라고 생각하고 있다. 그러면 그들은 실제 어떻게 피부를 관리하고 있을까? 이 질문에 대한 응답은 화장품으로 피부 관리를 하고, 운동이나 생활 습관을 변화시키며 건강을 유지한다는 순으로 나왔다.

즉, 사람들은 피부를 아름답고 건강하게 가꾸기 위해 '신체 건강 상태'와 '화장품'을 중시하고 있었다.

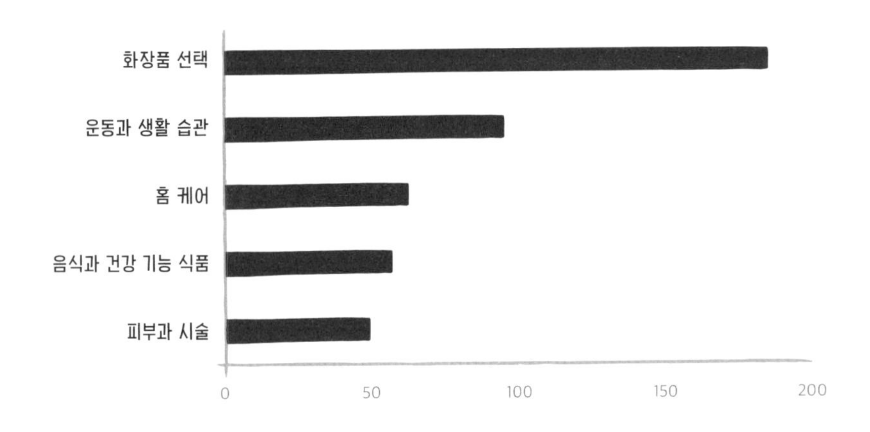

피부에 대한 기초 지식 쌓기

피부를 가꾸기 위한 화장품 공부에 앞서 우리 피부 속성에 대해 먼저 알아야 한다. 좋은 화장품에는 피부의 메커니즘을 정상적으로 되돌리려는 성분이 들어있을 테니 말이다.

피부는 우리 몸, 전신에 분포한 큰 기관으로 화학 물질, 세균, 바이러스, 외부 충격으로부터 우리 몸을 보호하고 온도를 조절하며, 감각을 전달하는 중요한 역할을 한다. 피부는 크게 표피, 진피, 피하지방층으로 이루어져 있고 층별로 각자 다양한 구조와 기능을 가지고 있다.

피부층 기능 살펴보기

1. 표피: 각화 과정과 턴 오버

표피는 손으로 만져지는 피부의 가장 바깥 부분이다. 피부 구조 그림에서 보듯이, 3개의 층에서 가장 얇은 층으로, 각질을 생성하고 외부의 환경으로부터 몸을 보호하는 역할을 한다. 표피에 있는 대부분의 세포는 각질 형성 세포다. 각질 형성 세포는 표피의 가장 아래층인 기저층에서 생성되어 세포 분열을 하면서 각질 세포로 변화되어, 천천히 표피의 바깥으로 이동하는데, 이러한 과정을 각화 과정Keratinization이라고 한다.

또 각화 과정이 반복되는 것을 턴 오버Turn over라고 한다. 쉽게 말해 턴 오버란 오래된 피부가 때로 벗겨져 나가고 새살이 올라오는 것이다. 턴 오버의 주기는 일반적으로 약 4주다. 하지만 노화된 피부는 4주 이상, 민감성 또는 아토피 피부는 4주 이하가 될 수 있으므로, 피부를 건강하게 만들어 각화 과정과 턴 오버 주기를 정상화하는 것이 매우 중요하다. 즉, 새살이 잘 생성되고, 제때 알맞게 각질로 잘 올라와 떨어져 나가는 것은 젊고 건강한 피부의 척도가 될 수 있다.

노화, 호르몬 변화, 건조함, 자외선, 수면 부족, 스트레스, 화장품, 흡연과 같은 요인이 있을 경우, 각질 형성 세포가 잘 생성되지 못하고 턴 오버 주기가 느려지며 피부에 각질이 쌓여 피부가 거칠고 칙칙해진다. 이로 인해 화장품의 흡수도 더디고 메이크업이 잘 받지 않는다. 표피에서 일을 제대로 하지 못하면 진피에서 혈관을 통해 영양분을 받아 열심히 표피로 올려줘도 소용이 없다. 진피의 가장 바깥층인 유두층의 기능이 저하되면서, 살아있는 세

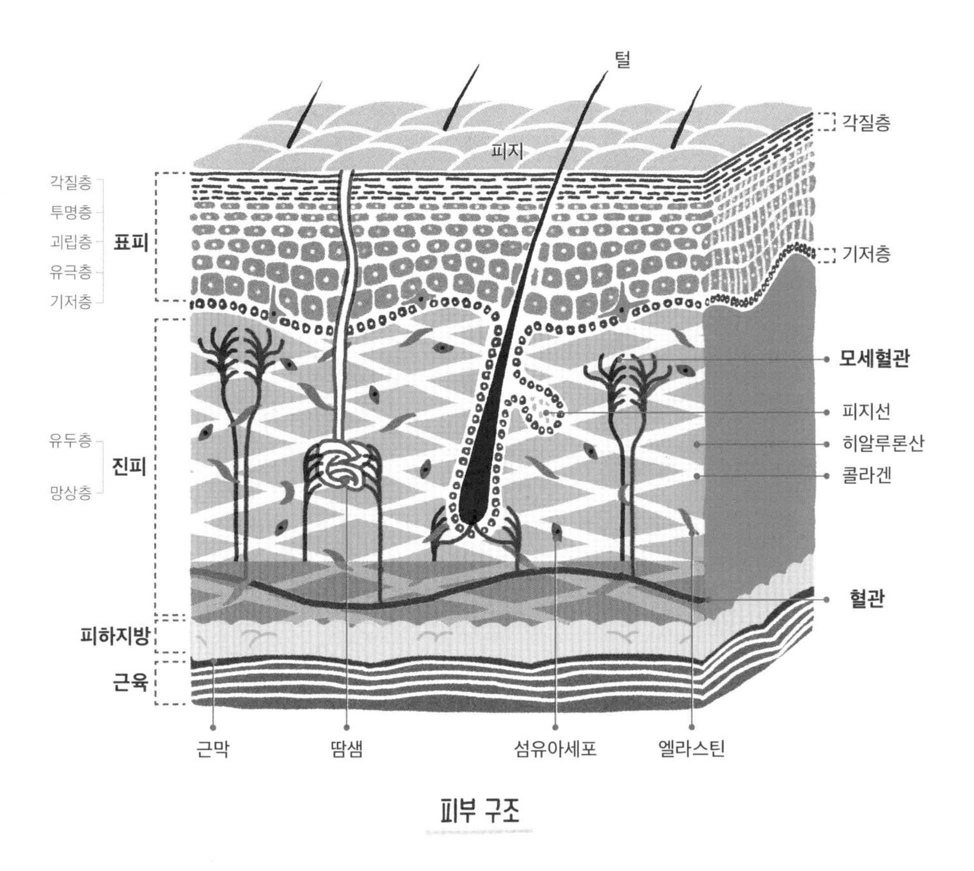

피부 구조

포의 수는 감소하고 표피의 두께가 얇아진다.

2. 진피: 피부에 배달되는 영양분이 머무는 곳

피부가 예쁘고 건강하려면, 우선 몸이 건강해야 한다. 몸이 건강하면, 양질의 영양분이 혈액을 타고 몸 구석구석 배달된다. 피부에도 그 영양분이 배달되는데, 그곳이 바로 진피(진짜 피부)다. 피부 구조을 보면 표피보다 훨씬 더 깊은 층을 가지고 있고, 유두층과 망상층으로 나뉘지만 표피처럼 구분이 명확하지 않다. 유두층은 표피와 연결되어 혈액과 영양소를 효과적으로 전달하고, 그 아래에 위치한 망상층에는 콜라겐[1], 엘라스틴[2], 히알루론산[3]이 포함되어 있다.

3. 피하지방: 진피와 근육을 연결해주는 지방 세포

피부의 가장 아래층인 피하지방은 중성지방이 차 있는 지방 세포로 구성되어 있고 진피를 근육의 근막, 뼈의 골막에 연결해주는 역할을 한다. 근육과 뼈를 외부 충격으로부터 보호해주고, 체온 유지에도 관여한다. 그래서 지방이 있는 사람들은 지방이 없는 사람에 비해서 추위를 덜 탄다.

음식을 통해 흡수된 영양분을 싣고 온 혈액이 진피에 공급되면, 진피 내의 콜라겐, 엘라스틴, 히알루론산 등에 필요한 영양소가 함께 공급된다. 나이가 들거나 건강이 악화되면, 콜라겐(피부 단백질)과 엘라스틴(탄력), 히알루론산(보습)의 생성이 감소하기 때문에, 전체적인 건강을 유지하는 것이 진짜 피부(진피)를 건강하고 보기 좋게 만드는 길이다.

---

1 콜라겐은 피부의 진피를 구성하는 주성분으로 피부 건조 중량의 75%를 차지하며, 피부에 장력을 제공해주는 역할을 한다. 노화가 진행될수록 피부의 두께는 얇아지는데 이것은 주로 콜라겐 감소에 의해서 생긴다.

2 엘라스틴은 콜라겐과 함께 진피의 구성 성분으로 탄력을 유지하고 피부 조직을 지지하는 중요한 단백질이다. 주로 피부 내 콜라겐 섬유와 함께 작용하여 피부의 탄력과 유연성을 유지한다. 노화가 진행될수록 외부 요인이나 유전적인 요인에 의해 엘라스틴 섬유의 생산이 감소한다.

3 히알루론산은 진피의 젤리 상태의 물질로 몸에서 자연적으로 생산된다. 물을 끌어당기고 수분을 저장하는 기능을 하지만, 나이가 들수록 히알루론산 생산 능력이 떨어져 피부가 건조해지고, 윤기와 탄력을 잃게 된다.

화장품으로 관리가 가능한 피부 영역

화장품을 통해 피부 관리를 한다는 것은 피부 구조적 관점에서 표피에 한정된다. 표피 아래 진피부터는 화장품으로 관리할 수 없다. 진피가 진짜 피부라고 했으니, 내 몸의 영양소가 잘 전달되도록 건강에만 신경쓰면 되는 거 아닐까 싶을 수도 있다. 하지만 진피는 진피대로 영양이 잘 공급되어야 하고, 바깥의 표피는 진피의 영양분이 피부 바깥으로 빠져나가지 않도록 잘 관리해줘야 한다. 표피의 관리 수단이 화장품이고, 우리가 표피를 잘 관리할 수 있는 화장품을 선택해서 올바로 사용해야 진짜 피부가 빛을 발할 수 있다. 즉 표피 관리도 무척 중요하다는 뜻이다.

표피는 각질층, 투명층(손발에만 존재), 과립층, 유극층, 기저층 총 5개의 층으로 나뉜다. 가장 바깥쪽에 있는 각질층은 케라틴(각질) 55%, 천연 보습 인자(NMF) 31%, 세포간지질 11% 등으로 구성되어 있다.

화장품 광고를 보면 '피부 장벽이 중요하다', '피부 장벽이 손상되면 염증이 생긴다' 등, 피부 장벽을 언급하며 광고 속 화장품이 이 장벽을 튼튼하게 해준다고 강조하기도 한다. 실제 각질층을 현미경으로 관찰하면 벽돌로 장벽을 쌓은 것처럼 보이고, 세포간지질이라는 물질이 각질 세포 사이를 메우고 있다. 피부 장벽 기능 연구의 권위자 캘리포니아 대학의 피터 일라이스Peter Elias 교수는 1990년대 초, 피부 장벽 구조를 '벽돌과 모타르Brick and Mortar' 모델로 명명했다. 모타르를 우리말로 하면 시멘트와 모래를 섞어서 물에 갠 것을 말하는데 각질층에서는 세포간지질, 즉 세포 사이의 지질 성분을 의미한다.

우리 피부의 맨 위는 피지가 덮고 있고, 그 아래 각질층을 자세히 보면 담벼락의 벽돌처럼 생겼다.

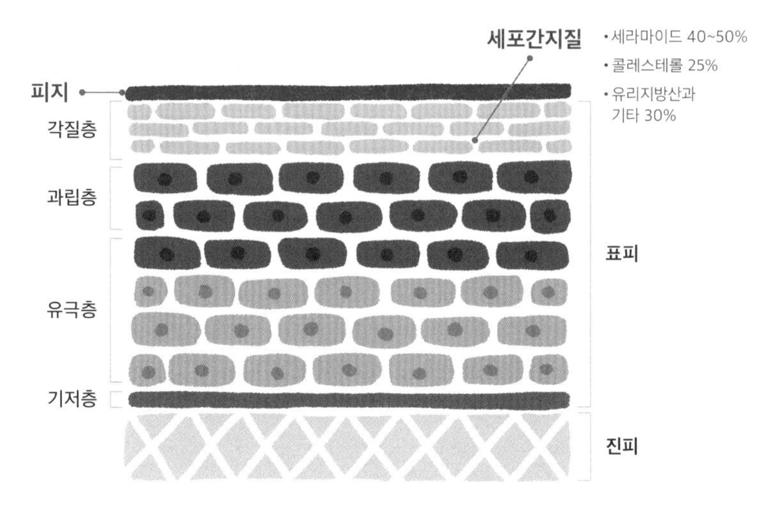

피부 장벽: 표피의 층별 구조

각질 세포는 벽돌 역할을 하고 벽돌 사이 시멘트로 접착시키는 역할을 하는 것이 세포간지질이다. 세포간지질 성분은 세라마이드, 콜레스테롤, 유리지방산으로 구성되어 있고, 이 중 세라마이드는 화장품 성분으로 많이 사용되어 친숙하다. 이것은 각질 세포끼리 견고하게 붙어 있도록 외부 자극으로부터 진피층을 보호하고 수분 증발을 막아 촉촉한 피부를 유지할 수 있게 한다.

피부 장벽은 계절의 변화, 스트레스, 화장품 사용의 부작용, 수면 부족, 자극적인 각질 제거 등 다양한 원인으로 손상되거나 약해지기 쉽다. 피부 장벽이 약해지면 표피 전체가 약해지고, 잘 유지되고 있다고 믿고 있는 진피에도 영향을 줄 수 있다. 피부의 유수분 밸런스가 깨져 피부가 건조해지고 노화가 촉진된다. 또한 외부 자극에 민감해져 여드름과 같은 트러블이 발생하거나 쉽게 염증을 일으킬 수 있다.

2장

화장품 기초 상식: 역할과 성분

화장품이란

우리나라 화장품법 제2조에 화장품을 다음과 같이 정의한다.

'화장품'이란 인체를 청결·미화하여 매력을 더하고 용모를 밝게 변화시키거나 피부·모발의 건강을 유지 또는 증진하기 위하여 인체에 바르고 문지르거나 뿌리는 등 이와 유사한 방법으로 사용되는 물품으로서 인체에 대한 작용이 경미한 것을 말한다.

화장품에 대한 모든 것, 팩트 체크하기

흔히 화장품이라 하면, 맨얼굴에 바르는 기초 화장품을 주로 생각한다. 그러나 우리의 신체를 깨끗하고, 멋지고, 건강하게 유지하기 위해서 바르고, 뿌리는 모든 제품이 화장품의 범주에 포함된다. 즉, 화장품은 기초 화장품 외 바디 워시, 샴푸와 같은 바디 용품부터 메이크업 제품, 기타 화장품(손발톱 관리, 면도용, 체모 제거, 자외선 차단, 체취 방지, 방향, 염색, 헤어 펌)을 모두 포함하는 개념이다.

화장품의 역할

1. 피부를 보호한다.

먼지, 오염 물질, 자외선 등 환경적인 위해 요소로부터 피부를 보호하기 위해서는 화장품의 적절한 사용이 필요하다. 우리는 2019년 말 전 세계를 강타한 COVID-19을 통해 바이러스의 강력한 위력을 실감했다. 전염을 예방하기 위해서 손을 자주 씻는 것은 물론, 손 세정제 사용도 중요하게 생각하기 시작했다.

또한 매년 봄마다 찾아오는 황사는 호흡계 질환을 유발할 뿐만 아니라, 피부에도 영향을 미친다. 황사는 공기 중에 떠다니는 미세한 입자로, 피부 표면에 착지하여 각종 피부 트러블을 유발한다. 민감한 피부를 가진 사람이라면, 황사로 인해 피부가 건조하고 가려운 증상이 나타날 수 있다. 외출하고 돌아오면 피부나 모발에 묻어 있는 황사를 세정제로 깨끗이 제거하고, 피부를 촉촉하게 유지할 수 있는 보습제를 충분히 발라주는 것이 좋다.

적당량의 자외선 노출은 여러 가지 장점이 있다. 피부가 햇볕에 노출되면, 피부 내 콜레스테롤이 UVB(자외선 B)에 의해 활성화되어 비타민 D를 합성한다. 이 과정에서 혈액으로 유입되는 비타민 D의 양이 증가하여 건강한 뼈와 치아를 유지하고, 면역력을 향상시키는 작용을 한다. 또한 뇌의 세로토닌 수치를 높여 우울증 예방에도 도움이 된다. 그러나 과다한 자외선 노출은 피부 손상을 가져와 새로운 세포 생성을 억제한다. 주름이 생기고, 피부톤이 칙칙하고 어둡게 변한다. 기미와 주근깨의 색소 침착도 생긴다. 그러므로 자외선 차단제를 열심히 바르며 피부 건강을 유지하는 것이 좋다.

2. 피부를 촉촉하게 유지한다.

건조한 피부는 여러 가지 피부병의 원인이 되기도 하고, 노화를 가속화시키는 주범이다. 건조한 피부가 지속되면 피부는 제 기능을 잃고 만다. 몇 해 동안 가뭄이 든 땅이 있다고 생각해보자. 여기에 곧 새로운 식물들이 자라날 수 있을까? 촉촉하게 물을 머금고 있는 들판에 새 생명을 기대할 수 있듯이 피부도 촉촉하게 유지되어야 새살도 잘 돋아나며 노화의 속도가 늦춰진다.

피부는 나이가 들면서 점점 수분이 빠져나가 건조해진다. 오늘부터라도 보습제를 열심히 챙겨 발라보자. 화장품 사용이 오히려 피부를 더 망친다고 주장하는 전문가도 있지만 어디까지나 화장품의 오남용에서 파생된 것이다. 화장품은 적절하게 사용한다면, 우리 피부를 더 건강하고 어려보이게 만들어준다.

3. 피부 트러블, 피부 고민을 예방 또는 완화한다.

피부 트러블과 같은 고민이 있다면, 그것을 완화하거나 예방할 수 있는 화장품을 사용함으로써 더 이상 심해지지 않도록 관리가 가능하다. 여드름 화장품을 사용한다고 해서 여드름이 100% 없어진다고 말할 수는 없다. 피부는 건강을 비롯하여 다른 요소에도 영향을 받기 때문이다. 하지만 평소 피부 관리와 트러블 제품의 적절한 사용은 심한 상태로의 직행을 예방하거나 증상 완화에 도움이 된다.

기미와 잡티가 고민이라면 이것이 더 이상 생기지 않도록 도와주는 성분이 들어있는 미백 기능성 화장품을 사용하고, 주름이 고민이라면 주름 개선에 좋은 성분이 들어 있는 주름 개선 기능성 화장품 사용을 추천한다. 화장품의 성능은 화장품법 제2조에도 언급했듯, '인체에 대한 작용이 경미한 것'이다. 경미하더라도 약간의 효과가 있다면, 여러분은 화장품을 사용하여 관리하겠는가, 그냥 그대로 두겠는가?

4. 외모를 더욱 매력적으로 만든다.

우리는 자신감 있게 매력을 뿜어내는 사람에게 본능적으로 끌린다. 심리학에서 말하는 매력의 요소는 외모, 자신감, 사교성, 유머 감각, 성격, 호감 표현 능력 등 다양하지만, 이 중 단연코 첫인상에서 끌리는 매력 요소는 외모다.

한때 사람들은 이목구비가 뚜렷해야 매력적인 외모라고 평가했다. 그러나 사회적인 인식의 변화와 광고, 드라마 등 매체의 영향으로 매력의 범위가 변화했다. 이제는 이목구비가 뚜렷하지 않아도, 메이크업이라는 예술을 통해 자신의 외모 콤플렉스를 극복할 수 있게 되었다. 진한 메이크업이 아니더라도 피부의 톤을 조절하거나 결점을 가리고, 눈썹을 정리하고 속눈썹 컬을 강조하고, 얼굴의 대칭성도 높일 수 있게 되었다. 나도 매일은 아니지만 강의가 있거나 영상 촬영을 하는 날에는 메이크업을 한다. 출산의 징표로 남아있는 기미와 노화의 상징인 주름을 조금이나마 가릴 수 있기 때문이다. 메이크업을 하고 거울을 보면 미소가 지어진다. 자신감과 활력이 생기는 것을 느낀다.

요즘은 메이크업하는 남성을 주위에서 심심치 않게 찾아볼 수 있다. 대중매체의 영향이다. 남성도 여성과 마찬가지로 아름다움을 추구하는 기본적인 욕구가 있고, 이성에게 멋진 모습, 매력을 발산하고 싶은 마음도 있다.

여러분은 자신의 외모를 매력적으로 만들기 위해서 어떻게 노력하고 있는가? 자신이 원래 지니고 있던 장점에 피부나 외모 결점을 매력으로 바꿀 수 있는 스킨 케어와 메이크업까지 가미된다면, 여러분의 매력이 여기저기서 터져나올 수 있지 않을까?

화장품의 종류

우리나라 화장품 법령에서 정하는 화장품의 종류는 기능성 화장품, 천연 화장품, 유기농 화장품, 맞춤형 화장품으로 나뉘어져 있다.

1. 기능성 화장품

한국에서 기능성 화장품이란 화장품법에서 지정한 효능을 가진 화장품이다. 식약처는 품질과 안전성 및 효능을 심사하고, 심사받은 화장품을 기능성 화장품으로 별도 관리하고 있다. 기능성이라고 하더라도 화장품의 정의를 동시에 고려해야 한다. 즉, 기능성 화장품은 '인체에 작용이 경미하지만 약간 효과를 기대할 수 있는 화장품' 정도라고 이해하면 되겠다. 피부 질환을 치료해야 한다면, 기능성 화장품이 아니라 의사와 상담을 통해 의약품을 처방받는 것이 올바른 방법이다.

제도 신설 이후 식약처는 기능성 화장품의 품목을 다양화했다. 기능성 화장품의 영역은 아래와 같다.

기능성 화장품 종류와 범위(2023년 기준)

기능	화장품의 역할
미백	피부의 멜라닌 색소 침착을 방지하거나, 이미 침착된 멜라닌 색소를 엷게 하는 데 도움을 준다.
주름 개선	피부에 탄력을 주고 주름을 완화하거나 개선하는 데 도움을 준다.
자외선 차단	모발의 색상을 변화(탈염, 탐색)시킨다. (일시적 모발 색상 변화 제외)

모발 염색	색소 형성 물질이 모발 내부에 침투하여 화학 변화를 일으켜 모발의 색에 변화를 주는 염모제, 모발의 색을 옅게 하는 탈색제, 모발의 염모 성분을 빼는 탈염제가 있다.
체모 제거	털의 구성 성분인 케라틴을 변성시켜 몸의 과다한 털이나 원치 않는 털을 없애는 데 도움을 준다.
탈모 완화	모발 및 두피에 영양을 주어 모발이 빠짐을 막는 데 도움을 준다.
여드름 완화	각질, 피지 등을 씻어내어 여드름성 피부 관리에 도움을 준다. (인체 세정용 제품만 해당)
건조함 완화	피부 장벽 기능을 회복해 가려움 등의 개선에 도움을 준다.
튼살선 완화	튼살로 인한 붉은 선을 엷게 하는 데 도움을 준다.

일반적으로 스킨 케어 루틴에서 많이 사용하는 화장품은 미백, 주름 개선, 자외선 차단 제품인데 제품을 구입하여 사용한다면, 식약처에 보고했거나 심사가 완료된 기능성 화장품인지 확인하고 선택하는 것이 좋다.

자료 제출이 생략되는 기능성 화장품의 종류

성분 역할	고시 원료	대상 제품
자외선 차단	글리세릴파바 외 28종	기초 화장용 제품, 영유아용 로션, 크림 오일, 색조 화장품
피부 미백	닥나무 추출물 외 8종	로션, 액제(스킨류, 에센스류) 크림제, 마스크
주름 개선	레티놀 외 3종	로션, 액제(스킨류, 에센스류), 크림제, 마스크

2. 천연 화장품 & 유기농 화장품

천연 화장품은 동식물 및 그 유래 원료와 미네랄 원료를 함유한 화장품으로, 물을 포함하여 천연 원료가 95% 이상 되어야 한다. 천연 원료란 유기농 원료나 동식물 원료, 미네랄 원료를 포함하며, 가공하지 않거나 물리적 공정에 따라 가공했다고 하더라도 그 성질이 변하지 않는 것을 의미한다. 천연 유래 원료는 천연 원료를 화학적 또는 생물학적 공정에 따라 가공한 2차 성분을 말한다.

유기농 화장품은 천연 화장품 기본 성분에 유기농 성분을 10% 포함하여 총 천연 원료가 95% 이상 되어야 한다. 또한 용기와 포장에 있어서, 폴리염화비닐Polyvinyl cholride(PVC), 폴리스티렌폼Polystyrene foam을 사용해서는 안된다.

일반 소비자가 천연 화장품이나 유기농 화장품을 떠올릴 때 단순히 천연 원료와 유기농 원료가 95% 이상 될 거라 생각하기 쉽지만 현실은 그렇지 않다. 천연 원료의 함량을 계산할 때 물, 천연 원료, 천연 유래 원료가 포함된다. 한 어성초 천연 화장품을 살펴보자. 천연 원료(어성초) 4%, 천연 유래 원료 2%, 보존제 2%, 합성 보습제 2%, 정제수 90%인 스킨 토너가 있다. 이 토너는 천연 화장품일까? 현실에서는 천연 화장품이다. 천연 원료와 천연 유래 원료 그리고 물을 더하여 95% 이상이면 천연 화장품이기 때문이다. 천연 원료(유래 원료 포함)가 6%이지만 천연 화장품이라 부른다.

유기농 화장품은 유기농 성분 10%와 물을 포함한 천연 성분이 95% 이상만 되면 된다. 유기농 녹차 스킨을 예를 들어보자. 유기농 녹차 추출물 10%, 천연 유래 원료 2%, 보존제 2%, 합성 보습제 2%, 정제수 84%로 만들면 이것도 유기농 화장품이라 부를 수 있다.

천연 또는 유기농 화장품이 될 수 있는 실제 원료 함유량

천연 화장품 어성초 스킨	함량
어성초 추출물	**4%**
천연 유래 원료	**2%**
보존제	2%
합성 보습제	2%
정제수	**90%**
합계	**100%**

유기농 화장품 녹차 스킨	함량
유기농 녹차 추출물	**10%**
천연 유래 원료	**2%**
보존제	2%
합성 보습제	2%
정제수	**84%**
합계	**100%**

천연 화장품과 유기농 화장품은 인증이 있어야 표시와 광고를 할 수 있는데, 식약처에 바로 보고하는 기능성 화장품과 달리, 화장품에 사용된 원료에 대한 정보, 제조 공정과 용기, 포장 및 보관 등에 대한 정보 등을 식약처가 지정하는 인증 기관에 제출만 하면 인증을 받을 수 있다.

3. 맞춤형 화장품

개인마다 피부 타입이 다르고, 선호하는 화장품 성분도 다르다. 최근 소비자들은 일률적으로 똑같이 출시되는 화장품보다는 자신의 피부 타입과 특성, 선호도에 따라 맞춤이 되는 맞춤형 화장품에 관심이 많다. 식약처는 이러한 트렌드를 화장품에 반영하여, 2020년 3월부터 맞춤형 화장품 제도를 시행하고 있다. 맞춤형 화장품 조제 관리사와의 상담을 통해 화장품 베이스의 유형을 선택하고, 자신의 피부 고민, 선호하는 향, 원료 등이 추가되어 만들어진다. 국가 자격 시험에 합격한 맞춤형 화장품 조제관리사 자격증 소지자만이 맞춤형 화장품 조제가 가능하며, 이 또한 소분 내역과 판매 내

역을 정확히 기록, 보관해서 정기적으로 식약처에 보고해야 한다.

화장품과 피부의 관계

화장품의 피부 흡수에 대한 진실

화장품 광고를 보다 보면, 보기만 해도 내 피부가 좋아지는 듯한 느낌을 받을 때가 있다. 대부분의 화장품 광고에서는 자신들이 광고하는 화장품이 피부 흡수가 용이해서 콜라겐을 생성하고, 엘라스틴을 촉진하며, 히알루론산을 공급하여 피부를 몰라보게 변화시킨다고 하는데, 어디까지가 진실일까? 결론부터 말하자면 화장품은 피부에 흡수가 안 된다. 뭐야? 그럼, 피부에 흡수도 안되는데, 우리는 이런 화장품에 대해서 공부하면서 어떤 것을 써야 할지 고민하고 비교 분석하고 있단 말인가?

피부는 표피, 진피, 피하지방 3개의 층으로 크게 구분되어 있다고 했다. 피부에 효과가 좋다고 알고 있는 콜라겐, 엘라스틴, 히알루론산과 같은 성분들과 우리 몸에 영양소 공급원인 혈액을 공급하는 혈관이 진피에 존재하고 있다. 진피는 음식을 통해 흡수된 영양소를 공급받고 있기 때문에, '건강한 피부'라 함은 '진피층이 얼마나 튼튼하냐'에 달려있다. 진피의 바깥쪽에 표피층이 존재하고 이 표피는 다시 5개의 층(각질층, 투명층, 과립층, 유극층, 기저층)으로 나눌 수 있다. 표피의 가장 바깥쪽에 있는 각질층은 외부 환경으로부터 피부를 보호하며, 수분 손실을 방지하고, 외부 세균이나 유해 물질의 침투를 막아준다. 그러므로 어떤 물질이든 울트라 초미세 사이즈가 되지 않으면, 침투가 불가능한 장벽이 바로 피부다. 만약 물질의 피부 흡수가 매우 용이하다면, 우리가 뜨거운 욕조에 몸을 담그면서, "아~ 시원하다"라고 외칠 때, 뭔가가 피부 속으로 들어가야 하는 것이 맞다. 하지만 물에 오랫동안 몸을 담그다 나와도, 손바닥과 발바닥이 약간 불어 보이는 것 이외에 피부에는 큰 이상이 없다.

실제로 물질이 피부에 흡수되려면 화장품의 분자량이 500달톤[4] 이하여야 한다는 의학 논문 연구 결과가 있다. 그래서 국소 피부 치료에 적용되는 약리제재의 경우에는 모두 500달톤 이하라고 한다. 현재 우리 회사에서 사용하고 있는 히알루론산 저분자 원료가 최소 90,000달톤이니, 500달톤이 어느 정도 크기인지 가늠할 수 있다. 시판되는 화장품의 거의 대다수는 피부에 전혀 흡수되지 않는다고 보면 된다. 만약 흡수된다면? 그것도 진피까지 흡수된다면? 혈관을 통해 다른 기관으로 간다면 우리 몸이 안전할 수 있을까? 화장품은 단지 표피에서 효과를 나타내는 것일 뿐, 다른 인체 기관에 효과가 입증된 것이 아니다.

그러므로 화장품은 흡수가 안 된다. 그렇다면 화장품은 피부에 전혀 효과가 없는 것일까? 그렇지 않다. 자신에게 알맞은 화장품을 잘 사용하면, 피부에 물광이 나고 탄력이 생겨, 주위 사람들로부터 피부가 좋다는 칭찬을 듣게 된다. 나도 화장품 관련 일을 하면서 피부가 좋다는 소리를 자주 듣는다. 내 피부가 본래 좋아서가 아니라, 내가 사용하고 있는 화장품의 영향이

---

4 달톤(Dalton)은 원자 또는 분자 규모의 질량을 나타내는 표준 단위로 DNA나 단백질, 고분자 물질의 크기를 나타내는 데 많이 사용한다.

크다. 화장품이 진피까지 흡수되어 콜라겐, 엘라스틴, 히알루론산 등에 영향을 미칠 수는 없지만, 화장품이 표피의 각질층에 머무르며, 유수분 밸런스를 맞춰주게 되면, 피부가 매끈하고 좋아 보인다. 각질층의 환경이 우수하기 때문에 피부 속에 있는 영양 성분들도 자기의 역할에 충실하게 되는 것이다. 만약 피부 표면 상태가 불량하다면, 피부 속 영양분들이 어떻게 될까? 표피가 너무 말라 있으면 피부 속 보습 인자들도 밖으로 나오게 되거나, 서서히 말라가기 시작한다. 좋은 화장품을 사용해서 표피의 각질층을 튼튼하게 만들어주면, 피부 손상이 발생하더라도 회복 속도가 빨라지고, 안팎으로 좋은 피부 상태를 유지할 수 있다. 화장품이 중요한 이유다.

화장품의 콘셉트를 드러내는 유효 성분

화장품의 포장 상자나 라벨을 보면, 그 화장품에 들어가는 전체 성분을 볼 수 있다. 화장품에는 생각보다 많은 성분들이 포함된다. 우리가 어떤 효능을 지닌 화장품을 말할 때, 그 효능을 나타내는 성분이 유효 성분이 된다. '콘셉트 원료'라고 보면 된다. 미백, 주름 개선, 탄력감 증진 등의 기능을 하는 성분들은 식약처에 의해 고시되어 있고, 기능적인 효과를 내기 위해서는 일정 비율 이상이 포함되어야 한다. 그 외의 원료들은 특별한 규정이 없기 때문에, 화장품 제조사 자율에 맡겨진다. 이 유효 성분은 화장품의 제형을 만드는 기본 원료를 제외하고 포함되는데, 생각보다 그 함량이 많지 않다. 특정 화장품의 제형을 만들기 위해서는 기본적으로 골격을 구성하는 원료들이 필요하고, 유효 성분 원료는 베이스를 이루는 원료들에 비해서 훨씬

비싸기 때문에, 화장품의 최종 가격과 제조사의 이익률에 따라 함량이 조정될 수 있다. 그래서 얼굴용 화장품은 바디용 화장품에 비해 가격이 높고, 용량도 적기 때문에, 유효 성분의 함량이 대체적으로 높은 편이다.

화장품을 사용하다 유효 성분이 얼마나 들어있는지 궁금할 때가 있을 것이다. '올리브 바디 로션'을 사용한다면 이는 제품의 명칭에 성분명이 들어가는 경우다. 화장품 전성분에 그 함량이 기재되어 있다. 라벨이나 패키지에 있는 화장품 전성분에서 올리브 관련 성분 옆의 함량을 체크하면 된다. 내가 실제로 '올리브 바디 로션'이라는 이름의 제품을 사용해본 적이 있다. 화장품 관련 일을 하고 있는 사람이니, 당연히 꼼꼼히 표시 성분을 체크했다. 최소 '올리브 오일이 1% 이상은 들어있겠지' 생각했다. 우리가 핸드 메이드로 바디 로션을 만들 때, 올리브 오일이 컨셉이라면 10% 이상은 사용하기에 시판되는 제품임을 감안하더라도 1~2% 정도로 예상했다. '올리브 오일(500ppm)'이라고 표기되어 있었다. 500ppm이라고 하면, 약 0.05%다. 올리브 오일이 비싼 것도 아니고! 아니 화장품 회사 입장에서는 비쌀 수 있다. 저렴한 바디 제품에 넣는 거니까. 만약 얼굴용 화장품이였다면, 500ppm보다는 더 들어갔을 지도 모르겠다. 어찌되었건 기능성 화장품을 제외한 나머지 화장품의 콘셉트와 유효 성분의 함량은 화장품 회사가 결정한다.

쏙쏙 정보 PPM 단위 알아보기

PPM은 "Parts Per Million"의 약어로, 백만 분의 일을 나타내는 농도 단위이다. 이 단위는 일반적으로 물리학, 화학, 환경 과학 및 공학 분야에서 작은 농도 차이나 오염 수준을 표현하는 데 사용하는데, 화장품에서도 % 단위로 표기했을 때 수치가 너무 작아지는 경우 보통 ppm 단위를 사용한다.
PPM은 특정 물질이 다른 물질 중에서 차지하는 비율을 나타낸다. 예를 들어, 1ppm의 농도는 백만 분의 1의 비율을 나타내는 것으로, 1ppm은 1,000,000분의 1 또는 0.0001%에 해당한다. 계산이 어렵다면, 쉽게 10,000ppm = 1%라고 생각하면 된다.

피부 표면에 흡수시키는 화장품의 경우에는 유효 성분이 중요하다. 일단 바르면, 피부에 잔존하고 있기 때문이다. 그런데 씻어내는 세정제의 경우, 유효 성분이 많이 들어 있다고 광고하는 제품이 간혹 있는데 사실 큰 의미가 없다. 바디 워시에 콜라겐이 들어 있다고, 그 바디 워시를 사용했을 때 피부가 탱탱해질까? 콜라겐은 얼굴용으로 사용하기에도 가격이 높은 원료인데 바디 워시에 효과가 높은 원료가 들어 있다고 광고하며 비싸게 파는 제품들이 있다. 만약 넣는다 해도 얼마나 넣을 것인가? 위의 올리브 바디 로션처럼 500ppm? 이보다 훨씬 낮을 확률이 높다. 올리브 오일 가격과 비교했을 때 콜라겐이 훨씬 비싸니까. 화장품의 유효 성분이 피부에 작용하는 원리를 이해하면, 굳이 높은 가격의 세정제를 사용할 필요가 없다.

기능	유효 성분으로 자주 언급되는 원료들
보습	히알루론산, 글리세린, 알로에베라, 세라마이드, 판테놀, 식물성 오일, 나이아신아마이드, 베타인, 바오밥 추출물 등
미백	닥나무 추출물, 알부틴, 에틸아스코빌에텔, 유용성 감초 추출물, 아스코빌글루코사이드, 나이아신아마이드, 알파-비사볼올, 아스코빌테트라이소팔미테이트, 비타민 C, 트라넥사믹애시드, 아세로라 추출물 등
노화 예방	콜라겐, 비타민C, 레티놀, 레티닐팔미테이트, 아데노신, 폴리에톡실레이티드레틴아마이드, 코엔자임 Q10, 이데베논, 펩타이드, 글루타치온 등
지성, 여드름	위치하젤수(버지니아풍년화수), 살리실릭산, 글라이콜릭산, 비타민C, 알파-하이드록시산(AHA), 녹차 추출물, 프로폴리스 추출물, 티트리 오일, 스쿠알란, 글루코노락톤(PHA), 카프릴로일살리실릭애시드(RHA) 등
진정	알로에베라, 알란토인, 병풀 추출물, 캐모마일 추출물, 카렌듈라 추출물(포트마리골드꽃 추출물), 마치현 추출물(쇠비름 추출물), 어성초 추출물(약모밀 추출물), 아줄렌, 감초 추출물, 녹차 추출물 등
자외선 차단	징크옥사이드, 티타늄디옥사이드, 에틸헥실살리실레이트, 에틸헥실메톡시신나메이트, 시녹세이트, 에틸헥실트리아존, 옥토크릴렌 등
탈모 예방	덱스판테놀, 살리실릭애시드, 엘-멘톨, 나이아신아마이드, 비오틴, 징크피리치온액(50%) 등

화장품 성분

화장품의 기본 성분은 수성 원료, 유성 원료, 계면활성제, 보습제, 색소, 향료, 보존제, 점증제, 기능성 원료로 이루어져 있다. 제형에 따라서 비율이 달라질 수 있으나, 일부 오일이나 밤balm 제형을 제외하고는 화장품 기본 성분이 거의 다 포함된다고 보면 된다.

수성 원료

수성 원료는 가장 기본적인 원료로 피부에 수분을 공급하고 피부결을 정리하는 역할을 한다. 여기에는 물(정제수), 에탄올, 폴리올이 해당된다. 물은 대부분 정제수가 사용되는데, 요즘에는 화장품의 다양한 콘셉트에 따라서 물에 식물 유효 성분을 우린 추출수를 사용하거나, 식물을 찌거나 끓여 증류시켜 추출한 하이드로솔(플로럴 워터)를 사용하기도 한다.

1. 정제수

정제수는 그냥 물이 아닌 이온이 제거되고, 세균이 없는 물을 말한다. 화장품 제조에 있어 일반적인 정수기 물이 아닌, 정제수를 사용한다. 세균에 오염된 물은 피부에 좋지 않은 영향을 미칠 수 있고, 남아있는 금속 이온들이 화장품에 함유된 다른 성분과 결합하여 제품에 변화를 가지고 올 수 있기 때문이다.

2. 다가 알코올(폴리올)

한 분자 속에 2개 이상의 하이드록시기[OH]를 갖는 유기화합물 총칭하는 것으로, 물 분자와 잘 결합하는 성질이 있다. 여러 개의 알코올 분자가 결합된 화합물이라는 뜻에서 폴리올[Polyol]이라고도 한다. 보습력이 뛰어나 피부에 수분을 공급하고 피부 장벽을 강화한다. 일부 원료에는 살균 효과도 있어 피부염을 예방하는 데 도움이 되기도 한다. 폴리올은 화장품의 점도를 조절하기도 하고, 향료와 색소의 용해할 때도 사용되는 것으로 글리세린, 프로필렌글라이콜, 1,2-헥산다이올, 부틸렌글라이콜, 스테아릴글라이콜, 세틸글라이콜 등이 있다. 민감한 피부에는 자극이 될 수 있기 때문에, 폴리올의 함량이 많이 포함된 제형을 사용 시 미리 피부에 패치 테스트[5]를 해보기를 권장한다. 화장품 전성분에서 폴리올이 앞에서 3번째 성분 안에 들면, 많이 함유된 경우다.

3. 에탄올

알코올이라고도 하며 보통 마시는 술을 의미한다. 하지만 먹는 술을 화장품에 사용하려면 주류세가 높기 때문에 에탄올을 변화시킨 변성 알코올을 주로 사용한다. 변성 알코올은 소량의 변성제를 알코올에 첨가하여 술맛

---

5 패치 테스트(Patch Test)는 원래는 병원에서 특정 물질이 환자의 피부에 알레르기 반응을 일으키는지 여부를 확인하는 검사를 말한다. 화장품에 있어서도 사용 전에 특정 원료가 피부에 반응을 일으키는지 보기 위해서, 패치 테스트를 실시한다. 화장품 제품 일부를 피부의 가장 약한 부분인 팔 안쪽이나 귀 뒤에 바르고 24시간 경과 후에, 붉거나 가려움이 없으면 안심하고 사용해도 된다.

을 떨어뜨림으로써 음주에는 적합하지 않지만, 그 외 용도로 사용할 수 있도록 만든 것이다.

에탄올이 화장품에 사용되는 목적은 지성 피부의 피지를 제거하거나 소독, 항균, 일시적 모공 수축 효과를 위해서다. 또 향수에 사용되어 향기가 잘 휘발될 수 있도록 하고, 화장품 종류에 따라 보존 효과를 내기도 한다. 건성 피부는 에탄올 성분이 피부를 더 건조하게 만드므로, 사용 시 주의 사항을 확인하는 것이 좋다.

유성 원료

유성 원료는 피부 표면의 수분 증발을 막고, 부드러운 사용감과 광택을 주며, 피부에 보호막을 형성해준다. 일반적으로 상온에서 액체인 것은 오일, 고체인 것을 지방이라고 한다. 유성 원료 안에는 유지, 왁스, 탄화수소류, 지방산, 고급 알코올, 에스터류, 실리콘 등이 포함된다. 예전에는 화장품에 다양한 유성 원료를 사용했지만, 요즘은 클린 뷰티 트렌드의 영향으로 식물성 오일, 왁스나 식물 유래 합성 오일 등이 화장품 성분으로 인기가 높다. 유성 원료 각각은 목적에 따라 달리 사용될 수 있으므로 화장품의 제형을 다양화하고, 사용감을 증진시킬 수 있다.

유성 원료의 종류

유성 원료	구분	종류	비고
유지 (oils and fats)	식물성 오일	올리브 오일, 해바라기씨 오일, 포도씨 오일, 스위트 아몬드 오일, 코코넛 오일, 로즈힙 열매 오일 등	
	동물성 오일	밍크 오일, 에뮤 오일, 말 지방(마유)	
왁스 (wax)	식물성 왁스	카르나우바 왁스, 칸데릴라 왁스	
	동물성 왁스	비즈 왁스, 라놀린(양털의 기름 성분)	
탄화수소 (Hydrocarbons)	석유계	미네랄 오일, 파라핀, 페트롤라툼(바세린), 오조케라이트, 세레신, 마이크로 크리스탈린 왁스	
고급 알코올	R-OH구조 탄소 6개 이상 함유	세틸알코올, 세테아릴알코올, 스테아릴알코올, 아이소스테아릴알코올, 옥틸도데칸올	• 에탄올(알코올)과 다름 • 화장품 점도 조절 • 유화 보조제
에스터 (Ester)	알코올과 유기산 반응	에틸헥실팔미테이트, 옥틸도데실미리스테이트, 세틸미리스테이트, 세틸다이메틸옥타노에이트	• 오일 성분 • 산뜻한 사용감
실리콘	규소 화합물	다이메치콘, 사이클로펜타실록세인, 다이메티콘올, 페닐트라이메티콘, 사이클로헥사실록세인	• 매끄러운 사용감 • 광택과 퍼짐성 개선

계면활성제

계면활성제는 물과 기름을 섞이게 하는 물질로, 한 분자 내에 물에 녹기 쉬운 친수성, 기름에 녹기 쉬운 친유성이 동시에 있다. 두 가지 성질을 모두 가지고 있기 때문에 물과 기름의 경계면에서 계면활성제 분자가 모여 경계면의 표면 장력을 약화시켜 물과 기름이 섞이게 한다.

계면활성제는 그 종류에 따라 세정, 가용화, 유화, 분산, 기포 생성 등의 기능이 있고 화장품의 사용 목적과 제형에 따라 다르게 사용할 수 있다.

계면활성제는 화장품의 꽃이라고 할 만큼 화장품의 사용감과 질을 다양하게 만들 수 있다. 계면활성제가 화장품 제조에 없어서는 안 될 원료임에도 불구하고, 왠지 안 좋은 '화학적인 성분'이라는 이미지 때문에, 아직도 계면활성제를 기피하는 소비자들이 있다. 요즘 트렌드가 천연 성분, 식물 추출 성분, 자연 유래 성분들이 대세로 자리잡다 보니, 화학적인 계면활성제보다는 자연 유래 계면활성제를 포함한 화장품이 많이 출시되고 있다.

계면활성제 기능별 종류

- **세정제** 씻어내는 제품에 사용하는 계면활성제로, 피부와 모발의 노폐물, 각질을 제거한다. 바디워시, 샴푸, 세안제(폼클렌저) 등에 주로 사용된다.
- **가용화제** 소량의 오일을 물에 용해시킨 것으로 스킨, 미스트, 토너 등에 사용된다.
- **유화제** 물과 오일, 두 가지 서로 섞이지 않는 액체를 안정적으로 혼합(균일하게 섞임)하는 데 사용되는 원료로 로션, 크림을 만들 때 주로 사용된다.
- **분산제** 물과 오일에 잘 녹지 않는 성분을 미세하게 분산시키는 것으로, 메이크업 제품의 색조를 분산하는 데 사용된다.
- **기포생성제** 거품을 생성하여 세정제에 거품을 풍부하게 하고, 피부에 부드러움을 더한다.

보습제

보습제는 피부의 건조를 막아 표피를 매끄럽고 부드럽게 해주는 물질을 총칭하는 것으로, 특성에 따라 습윤제, 밀폐제, 연화제, 장벽대체제로 나눌 수 있다. 건강한 피부는 보습제를 얼마나 잘 균형있게 사용하고 있느냐로 결정된다고 해도 과언이 아니다. 일반적으로 화장품에 사용하는 수분은 수용성 물질을 말하지만, 넓은 의미의 보습은 수용성 물질과 유용성 물질을 다 포함하고 있다. 그러므로 '샤워 후에 보습제를 잘 바르라'고 할 때의 보습제는 화장품 자체인 유수분이 함께 들어있는 로션이나 크림을 지칭하는 말이므로 원료인 '보습제'의 의미와는 다소 차이가 있다.

1. 습윤제

죽은 각질 세포 내 케라틴과 천연 보습 인자의 수용성 성분으로 피부에 바르면, 가볍고 산뜻한 느낌이 있다. 지성 피부에 추천되는 보습 성분이다. 글리세린, 부틸렌글라이콜, 락틱애시드, 프로필렌글라이콜, 솔비톨, 히알루론산, 판테놀, 우레아 등이 있다.

2. 밀폐제

피부 표면에 기름막을 형성하여 피부 내 수분이 손실되지 않도록 하는 역할을 한다. 보통 오일 느낌이 나는 원료로 건조한 피부에 사용하는 것이 좋다. 페트롤라툼, 미네랄 오일, 실리콘 오일, 파라핀, 스쿠알란, 왁스 등이 밀폐제에 포함된다.

3. 연화제

탈락하는 각질 세포 사이의 틈을 메꿔 피부에 윤기와 유연성을 제공하며, 일반적인 식물성 오일이 해당한다. 화장품 용어로는 에몰리언트emollient와 같은 말이다. 오일이라는 점에서 밀폐제와 같은 의미로 사용할 수 있으나, 실제로 에몰리언트 역할을 하는 연화제는 각질 세포 사이에 끼어 들어갈 수 있고, 밀폐제는 그 틈에 들어가지 못하므로 피부 표면에서 장막을 치는 역할을 하는 차이가 있다.

4. 장벽대체제

피부 각질층에 존재하는 세포 사이에 있는 지질로 세라마이드, 콜레스테롤, 지방산이 해당한다. 피부 장벽을 튼튼하게 유지하기 위해서는 세포간지질의 물질이 잘 붙어있어야 한다고 앞에서 이미 설명한 바 있다. 세포간지질의 대표 성분인 세라마이드가 요즘 피부 장벽 강화 보습제로 인기가 있다.

색소

화장품이나 피부에 색을 띠게 하는 것을 주요 목적으로 하는 성분으로, 유기 합성 색소(타르 색소), 천연 색소, 무기 안료로 구분된다.

유기 합성 색소는 화장품에 사용되는 합성 색소로 안료, 염료, 레이크가 있다. 콜타르(타르 색소)라고도 하며, 화장품 사용에 있어서 그 유해성 때문에, 안전성이 확인된 것만 사용할 수 있으며, 특정 사용 부위와 특정 화장품에만 사용할 수 있는 제한이 있다. 피부와 모발에 착색을 하거나, 기초나 방향용 화장품의 제형에 색상을 부여하고, 색조 화장품에 있어서는 립스틱, 블러셔, 네일 에나멜 등에 사용된다.

무기 안료는 색깔 성분이 무기질(자연에서 발견되는 비생물적인 물질, 광물, 암석 등)로 되어 있어 유기 안료에 비해 열이나 빛에는 강하지만, 색이 선명하지 않다. 보통 파운데이션, 팩트, 쿠션 등의 색조 화장품, 자외선 차단제의 무기자차 기본 베이스와 광채, 커버를 위해 사용하는 색소다. 마이카, 탈크, 카올린, 적색산화철, 흑색산화철, 황색산화철, 티타늄디옥사이드, 징크옥사이드 등이 있다.

향료

화장품에서 향료는 사용자에게 좋은 향기를 부여하거나, 화장품 속 원료 저마다의 특이취(고유의 냄새)를 드러내지 않도록 하기 위해 사용하는 원료다. 향료는 자연에서 추출되는 자연 향료와 인공적으로 만들어지는 합성 향료로 나뉜다. 자연 향료는 식물, 과일, 꽃, 나무 등에서 추출한 향기로 에센셜 오일, 아로마 오일 등의 용어로도 사용되며, 자연스러운 향기로 천연 화장품, 비건 화장품, 클린 뷰티 트렌드에 부합되는 원료이다. 합성 향료는 특정 향기를 인공적으로 만들어내는 것으로, 자연 향료에 비해 향기가 강하고 자극적이다. 기초 화장품에 사용되는 향료는 함량이 적고, 은은한 것이 특징이며, 헤어나 바디 세정제는 좀 더 진하고 강한 향을 내도록 하여 몸에서 나는 특이취를 없애주고, 사용자의 기분을 좋게 만든다. 향료에는 알레르기 유발 성분이 일부 포함되어 있어, 민감한 피부는 알레르기 유발 성분에 반응하는지 사용 전 꼼꼼히 살펴보는 것을 권장한다.

보존제

보존제는 제품에서 미생물의 성장을 억제 또는 감소시켜주는 역할을 하는 원료이다. 화장품의 유통기한뿐 아니라, 소비자가 직접 제품을 사용하는 동안, 미생물(세균, 진균) 오염으로부터 제품을 보호하고, 오염되어 부패나 변질 등 물리적, 화학적으로 변화하는 것을 막기 위해 사용된다. 미생물도 생물이라는 점을 감안했을 때, 미생물을 죽이는 역할이면 피부나 인체에도 해로울 수 있다는 의견이 생겨나기 시작했다. 자연스럽게 많은 소비자들은 보존제가 화학 성분, 위험한 것, 유해 물질이라고 인식하고 있다. 실제 제품을 미생물로부터 보호하고, 안전하게 사용하기 위해서 필요한 성분임에도, 소비자들은 일부 보존제에 대해서 기피하는 현상을 보이고 있다. 식약처에서는 화장품에 사용할 수 있는 보존제와 그 배합 비율 및 한도를 정하여, 화장품 회사들이 지키도록 규정하고 있다. 공포 마케팅의 영향으로 화장품 회사에서는 이전에 많이 사용되어 왔던 합성 보존제의 사용 빈도는 많이 줄이고, 일부 방부력이 있는 폴리올(1,2-헥산다이올, 부틸렌글라이콜, 펜틸렌글라이콜, 글리세린등)을 보존제 대체제로 사용하고 있다.

점증제

화장품의 점도를 생성하고, 사용감을 증진시키기 위해서 첨가되는 물질로, 원료 기원에 따라 천연 고분자, 반합성 고분자, 합성 고분자로 나눌 수 있다.

식물에서 유래된 점증제 물질에는 구아검, 아라비아 고무나무검, 카라기난, 전분 등이 있고, 미생물에서 유래한 잔탄검, 덱스트린, 동물에서 유래한 젤라틴과 콜라겐이 있다. 특히 잔탄검은 화장품의 점도와 사용감을 높이기 위해, 에센스나 에멀션 제형에 자주 첨가되는 원료다.

반합성 점증제는 셀룰로오즈 유도체, 합성 점증제는 카보머가 있다. 특히 카보머는 투명하게 점도 생성이 가능하고, 피부에 자극이 적으며, 미생물에 의한 오염이 적어 널리 사용되고 있다. 에센스, 크림, 마스크팩, 헤어, 손 소독제 등에 맞는 알맞은 점도를 만들어내는 데 용이하다.

기능성 원료

화장품의 콘셉트를 결정하는 것이 유효 성분인 기능성 원료다. 실제 내용물을 하나씩 분석해보면, 유효 성분의 함량은 많지 않으나, 화장품의 콘셉트를 결정하기도 하고, 사용감과 기능을 높이는 데 도움이 되기 때문에 아주 중요하다.

기능성 화장품의 여러 가지 기능인 미백, 주름 개선, 자외선 차단제, 튼살 개선 등을 제외하고도, 추가적인 보습, 진정, 피부 장벽 강화 등의 효능

원료를 추가하여 피부에 대한 사용 효과를 높이고 마케팅에 활용할 수 있다. 요즘에는 식물 추출물 원료 하나를 제품처럼 만들어서 출시하기도 하고, 식물 추출물 안에 들어있는 여러 가지 성분을 쪼개어 추출한 다음, 싱글 원료로 화장품에 첨가하기도 한다.

최근에는 바이오 화장품 원료들이 새롭게 개발되어 나오기 때문에, 기능을 가진 원료들의 종류가 더욱 다양해졌다. 맞춤형 화장품을 만들어주는 숍들이 생겨나 맞춤형 화장품 조제사와 상담을 통해, 피부 고민을 개선해주는 원료를 선택, 혼합하여 '나만을 위해 조제된 맞춤형 화장품'을 사용할 수 있다. 이뿐 아니라, 기능성 효과가 있는 원료들은 화장품 원료 쇼핑몰에서 손쉽게 구입이 가능하기 때문에, 사용하고 있는 화장품에 기능성 원료를 자신의 피부에 맞게 섞어 사용하거나, 직접 화장품을 만들어 사용하는 사람들이 늘어나고 있다.

알고 쓰면 더 유용한 화장품 지식

화장품에 있어서 기초 지식을 정확히 습득하면 피부 관리를 효율적으로 할 수 있다. 우선 기초 화장품에 대한 기초 지식인 제형과 특징을 알아보도록 하자.

피부 사용감을 결정하는 화장품 제형과 효능의 관계

화장품 제형이란 화장품의 제조 과정에서 원료를 형태적으로 안정화시키고, 사용자에게 편리한 사용감을 제공하는 화장품의 성상 또는 형태를 말한다. 이 제형은 물리적인 형태와 텍스처(점도)를 결정하며, 피부에 대한 사용성과 흡수성을 결정하는 데도 중요한 영향을 준다. 특히 마케팅의 관점에서는 그 영향력이 막강하다. 화장품은 일반적인 소비자들에게 어렵기도 하고, 잘 알려지지 않은 분야이다. 화장품 제조가 요리처럼 누구에게나 관심있고, 잘 알려진 것은 아니기 때문이다. 화장품이 '좋다, 안 좋다'를 결정

하는 개인적인 선호는 보통 화장품의 사용감, 텍스처, 즉 제형에서 비롯한다고 볼 수 있다.

홈쇼핑의 화장품 판매 방송을 본 적이 있는가? 쇼호스트는 손가락으로 화장품을 듬뿍 떠서, 엄지와 검지 손가락 사이에 넣고, 손가락을 붙였다 뗐다 하면서, "원료가 농축되어 이렇게 쫀쫀합니다."를 연신 강조한다. 이것은 원료가 농축되어 있어서 쫀쫀한 것이 아니라, 화장품의 제형을 그렇게 만들었기 때문에 쫀쫀한 것이다. 화장품 제조를 직접 하는 사람이 아닌 일반인들은 알지 못하는 비밀이다.

기본적으로 화장품은 피부의 유수분 밸런스를 맞춰주고, 유해 환경으로부터 피부를 보호한다. 기능적으로 좀 추가하자면 칙칙한 피부를 밝게 하고 주름을 개선하며, 자외선 차단을 해주기도 한다. 여드름 악화를 막아주고, 아토피 피부를 예방하기도 하지만, 치료약은 아니다. 피부에 기능이 있는 원료들을 적절하게 잘 혼합하면 화장품이 만들어진다. 원료의 성질이 수성(물)인지, 유성(오일)인지에 따라서 혼합물의 성질이 달라질 수 있다. 물의 성질이 많으면, 액체 제형(화장수), 물의 성질인데 점도를 높이면 젤 제형(에센스, 세럼, 앰플 등), 물과 오일을 적절히 섞으면 로션이나 크림이 된다.

제형별 유형과 특징

1. 스킨(화장수) 제형

영어 단어인 스킨Skin은 우리말로 하면 그냥 피부를 의미한다. 초창기 화

스킨(화장수) 제형의 구성 성분

성분	기능
정제수	수분 공급, 피부결 정리
알코올(에탄올, 옵션)	청량감, 모공 수축, 소독 작용
보습제	보습
유성 성분(오일)	피부 유연제
가용화제	오일을 물에 녹여주는 역할
기능성 원료	콘셉트 원료
산화 방지제	산화 반응 억제
보존제	제품의 변질 방지
향료	향기
기타	pH 조절제, 금속 이온 봉쇄제

장품 회사에서 화장수를 처음 스킨이라고 불렀고, 이후에는 혼동을 피하기 위하여 '스킨, 토너'라는 용어를 사용했다. 지금은 2개 단어가 혼용되어 사용되고 있다. 이 책에서는 스킨, 토너 또는 화장수라고 사용하겠다.

화장수는 액체 상태의 제형을 말하는데, 구성하는 성분은 다양하다. 화장수의 80% 이상은 물이다. 나머지는 보습제, 기능성 원료, 보존제, 향료 등 기타 성분이 함유된다. 그런데 피부는 물과 친한 성질을 가지고 있지 않다. 오일과 가까운 성질을 지니고 있으므로, 친수성 물질이 피부에 잘 부착되기는 어렵다. 화장수가 피부에 잘 부착되게 하려면, 소량의 오일이 필요하다. 화장수는 100% 물이라고 생각하기 쉽지만, 소량의 오일이 녹아있는 물이라고 생각하면 되겠다. 보습제가 들어있으니 약간 끈적일 것이고, 오일이 들어 있으니 피부에 부착력과 보습력을 증진시킨다.

물에 오일을 아무리 소량 넣는다 해도 물과 기름이 섞이도록 하려면 계면활성제(가용화제)를 넣어야 한다. 그러면 오일이 물에 잘 용화되어, 화장수를 피부에 발랐을 때 균일하게 퍼져있는 오일은 화장수가 피부에 잘 부착되도록 도와준다.

종류에 따라서 알코올이 첨가되기도 한다. 이것을 수렴화장수(아스트리젠트)라고 한다. 피부에 청량감을 부여하고 소독, 모공 수축, 피지 조절 역할을 더한다.

2. 에멀션 제형

에멀션, 어떤 화장품이라는 생각이 드는가? 예전 어떤 화장품 회사에서 가벼운 로션으로 된 제형을 에멀션이라고 이름을 붙이고 광고를 한 적이 있다. 그래서 에멀션하면 사람들은 가벼운 제형의 로션이라고 생각하지만, 사실 에멀션은 로션과 크림의 제형 그 자체를 의미한다. 즉, 물과 기름이 하나되어 새로운 상을 만들어 낸 것을 유화乳化, Emulsion라고 한다.

물과 기름을 하나되게 하는 유화제는 계면활성제의 하위 부류다. 유화는 한자로 '우유처럼 하얗게 변한다'는 뜻이다. 실제 유화제가 하얀색인 경우가 많고, 그것으로 유화를 시키면 하얗게 변한다. 즉, 수상(물)과 유상(기름)의 원료가 특별히 색깔이 있지 않는 한 말 그대로 우유 색깔처럼 된다.

우리는 이미 생활에서 에멀션의 형태를 많이 보아왔다. 마요네즈는 에멀션의 대표적인 예이다. 마요네즈를 만들기 위해서는 식초(수상), 식용유(유상),

달걀 노른자(유화제)가 필요하다. 3가지 재료를 믹서로 잘 혼합하면, 재료 각각의 성질이 사라진 전혀 다른 크림 상태인 마요네즈가 탄생한다.

화장품으로 최대의 효과를 보려면 피부에 잔존하는 시간이 길어야 한다. 물과 기름을 균일한 상태의 다른 상, 즉 유화된 형태로 바르면 피부에 사용감도 좋고 효과도 높일 수 있다. 바로 로션과 크림, 즉 에멀션이다.

로션과 크림은 같은 원료, 같은 방법으로 유화시켜 만들어낸 제품이지만 농도와 질감, 사용감이 다르고, 수상과 유상의 함유량이 다르다. 그리고 유화하는 방법에 따라서 사용감이 또 다르게 나타나기도 한다. 유화 방법에는 크게 Oil in Water(O/W)와 Water in Oil(W/O)이 있다.

Oil in Water(O/W)는 물이 내부의 오일을 싸고 있는 타입으로 기초 화장품에서 가장 많이 사용하는 방법이다. 물이 바깥에 있으므로, 사용감이 산뜻하고 여러 종류의 화장품을 덧발라도 무거운 느낌이 없다. Water in Oil(W/O)은 오일이 내부의 물을 싸고 있는 타입으로 비비 크림, 파운데이션, 자외선 차단제처럼 피부에 밀착해서 효과를 내는 메이크업 화장품에서 이러한 유화 방식을 주로 사용한다. 오일이 피부에 부착되어 막을 형성하기 때문에 피부는 약간 답답하게 느낄 수 있다. 기초 화장품 중에서도 오일의 함유량이 가장 많은 영양 크림도 일부 W/O 방식을 사용하여, 건조한 피부를 위한 피부의 보습을 유지하는 기능을 하기도 한다.

피부 타입에 따라, 개인 취향에 따라서 선호하는 에멀전 제형이 달라질 수 있다. 나는 가급적 피부에 효과가 있는 유효 성분의 함량을 기준으로 화장품을 선택하라고 권장하지만, 소비자가 사용할 때 느끼는 제형의 텍스처와 사용감도 화장품 선택에 중요한 선택 기준이 된다.

3. 젤 제형

젤은 베이스에 따라서 수상 젤, 유상 젤로 나눌 수 있다. 수상 젤은 물에 수용성 점증제(점도제)를 넣어서 물을 부풀려 놓은 것이다. 주루룩 흘러내리는 액체 제형보다는 굳어져 보이는 젤 제형이 피부에 대한 사용감은 좋다. 식품으로 많이 섭취하는 젤리나, 한천, 묵 또한 점증제를 이용한 젤 제형이다. 스킨 중에 콧물 스킨이라고 불리우는 제형은 액체에 점증제를 아주 살짝만 넣은 경우이고, 좀 더 넣으면 에센스의 점도, 이것보다 더 넣으면 탱글탱글한 젤 제형이 나오게 된다. 대표적인 예가 알로에 젤이다. 알로에에서 추출한 물에 점도제를 넣고 점도를 높인 것으로 여기에 옅은 초록 색소가 첨가되기도 한다. 그래서 시판되는 알로에 젤이 실제 알로에 식물의 젤이라고 오해하고 있는 소비자도 많다. 젤 제형은 스킨, 에센스, 앰플, 세럼뿐 아니라, 로션이나 크림 제조에도 많이 활용된다. 알로에 젤처럼 시판되는 젤은 수용성이기 때문에, 피부 보습을 위해서 젤만 바르면 스킨처럼 수분 공급은 되지만, 금세 피부는 건조해진다. 피부에 건조함을 예방하기 위해 젤을 바를 때에는 사용하고 있는 로션, 크림을 섞어 바르는 것이 효과적이다.

4. 밤Balm 제형

밤 제형은 액체 오일을 비롯한 보습 성분을 굳힌 반고체 상태이다. 우리에게는 피부에 보습을 주거나 치료의 목적으로 사용해온 '호랑이 연고'나 '바세린'과 같은 친숙한 제형이다. 밤 제형은 피부에 강력한 유분막을 형성하여 피부 보습력을 유지하는 기능을 한다. 육안으로 보았을 때는 단단해

보이지만, 사람의 피부가 닿으면, 피부 온도에 의해서 녹아 피부에 부드럽게 펴 바를 수 있다. 액체 오일과 유화제를 가열하고 잘 저은 다음, 통에 넣고 굳히면 밤이 완성된다. 대표적인 것이 립밤이다. 입술이 트고 갈라질 때 바르는 것으로, 오일과 유화제가 혼합된 고체 오일이라고 생각할 수 있다. 요즘에는 다양한 용도로 사용하는 밤 제형이 많다. 오일이 함유량의 대다수를 차지하므로, 액체 오일 형태로 바르기 불편한 화장품이 밤 제형으로 많이 출시되고 있다.

밤 제형에도 수용성 성분을 다량 첨가하여 사용감이 가벼운 제품이 많이 나오는데, 그러므로 수용성 성분이 다량 첨가된 가벼운 밤은 건조 피부보다는 피지 분비가 많은 지성피부나 여름철 사용에 알맞다.

피부에 따른 화장품 선택 방법

1. 선택과 집중이 필요한 화장품 다이어트

한국 여성들은 피부가 좋다고 세계적으로 소문이 나 있다. 세계인들이 한국 여성의 피부를 부러워하고, 우리나라 화장품, K-뷰티가 전세계 뷰티의 판도를 바꾸고 있을 정도다. K-팝, K-콘텐츠가 발달하면서, 관련 스타들의 화장법이나 그들의 피부 관리 방법이 일반인에게도 공유되었다. 개인이 사용하는 화장품 개수가 늘어 소비가 증가하고, 제품은 더욱 다양해졌으며, 소비 계층 범위도 더 넓어졌다.

나에게는 터키에 살고 있는 친구, 갈립이 있다. 호주에 있을 때 어학원에서 만난 나보다 많은 아저씨다. 지금도 인스타를 통해 자주 연락하는 갈립은 30대에 호주에서 결혼해서 살다가, 5년 전쯤 터키로 역이주를 했다. 어느 날 그의 아내가 나의 인스타 사진 속 한국 여성들을 보고, 한국 화장품을 당장 보내줄 수 있냐고 했다.

서양인들은 대체적으로 한국 사람들이 실제 나이보다 어려보이고, 젊어 보인다고 생각한다. 사실 그 이면에는 인종에 따른 피부 구조 차이가 있다. 대체로 동양 사람들은 서양 사람들에 비해 피부가 두껍다. 이 말은 피지분비선이 많아 유분이 피부를 보호하므로 탄력이 좀 더 오래 유지된다는 뜻이다. 같은 또래의 사람들을 비교했을 때 주름이 덜 생겨보이기는 하지만, 한 번 생기면 깊어보인다. 이에 반해 서양인들의 피부는 얇고, 건조하여 잔주름이 잘 생긴다. 멜라닌 색소가 적어 자외선에 의한 피부 손상도 많아 피부암 비율이 동양인에 비해 높은 편이다. 피부의 구조적인 면에서 우위를 가지고 있는 우리가 더 피부에 많이 신경을 쓰고 있으니, 동양인 중에서도 한국 여성들의 피부가 단연코 돋보이는 것은 어쩌면 당연한 결과인지도 모

른다.

한편 서양인들은 한국 여성들이 유난히 예쁜 피부를 가지고 있고, 젊게 보이는 이유가 화장품으로 피부 관리하는 특별한 루틴이 있다고 분석하였다. 이름하여 '완벽한 피부를 위한 한국인의 10단계 스킨 케어 루틴'이다. 한국인의 스킨 케어 루틴을 탄생시킨 사람은 한국계 미국인 샬롯 조, 뷰티업계에서의 인플루언서다. 그녀는 2012년에 한국 뷰티 제품을 큐레이션하고 세계 시장에 소개하는 K-뷰티 온라인 셀렉트샵 Soko Glam을 창업했다. 사실 그녀는 한국 사람이지만, 미국에서 태어나고 자라서 한국 문화에 익숙하지 않은 한국계 미국인이다. 2008년 삼성 엔지니어링 해외 홍보 담당자로 서울에 잠시 살게 되었을 때, 한국의 뷰티 산업과 문화에 충격을 받았다고 한다. 당시 화장품에 대해서 잘 몰랐지만, 한국 화장품에 대해서 정보를 얻게 되면서 사업 아이디어를 갖게 되었다고 한다. 바닐라코, 에뛰드하우스와 같은 제품을 유통하면서 K-뷰티에 대한 기사를 쓰기 시작했고, 《The Little Book of Skin Care》라는 책까지 집필했다. 한국 여성의 꿀 피부 원천이 피부에 하는 여러 가지 루틴이라는 것을 착안하여, 2014년 한국인의 10단계 스킨 케어 루틴을 미국에 소개했다. 미국인들에게 큰 호응을 받은 이후, 전 세계로 퍼져 예쁜 피부를 만들기 위해서는 한국인의 10단계 스킨 케어 루틴을 따라야 할 정도가 되었다.

열 단계라니! 너무 과한 거 아닐까? 실제로 한국인들은 다른 나라 여성에 비해 피부에 특별히 더 많은 관심을 가지고 관리하고 있다.

우리의 실제 저녁 루틴은 어떤가? 물론 개인들마다 피부 고민이 다르고, 사용하는 화장품의 종류와 개수가 다르다. 최근 나의 고객 중 한 분이 화장품 바르는 순서가 궁금하다고 질문을 주셨다. 그 고객이 사용하고 있는 화장품은 다음과 같았다. 같이 살펴보자.

어떤 40대 고객의 화장품 사용 루틴

클렌징 오일 → 폼 클렌저 → 각질 제거제(1~2회/주) → 저렴한 토너(닦토) → 스킨 → 수분 크림 → 아이 크림 → 재생 앰플 → 보습 세럼 → 미백 에센스 → 영양 크림 → 오일

피부에 유난히 신경을 많이 쓰는 고객은 자신이 많이 사용하고 있는 것 같지만 이 제품들이 다 필요한 것 같다고 했다. 여러분의 루틴과 어떻게 다른가? 이 루틴에서는 클렌징 제품을 제외하면 사용된 화장품이 총 9가지다. 피부 구조상 화장품이 피부에 흡수되는 것은 불가하다고 했지만, 계속 흡수된다고 강조하는 화장품 회사의 수많은 광고들과 비싸고 좋은 원료가 주름을 쫘악 펴줄 거라는 소비자의 기대는 좀처럼 멈추지 않는다. 아무튼 이 고객처럼 9개를 다 사용한다 해도 전부 다 흡수가 되지 않을뿐더러, 굳이 많은 비용을 들여가며 그렇게 할 필요가 없다. 여러분이 사용하는 화장품이 5가지 이상이라면, 화장품 다이어트를 할 필요가 있다. 사실 화장품을 바르는 궁극적인 목적은 한 가지이다. 유수분 밸런스! 수분과 유분이 조화롭게 유지되면 한 마디로 '피부 좋다'는 소리를 들을 수 있다.

사용하는 화장품의 개수를 줄이는 화장품 다이어트는 의외로 간단하다.

화장품의 원리만 알면 된다. 피부에 수분 주고, 기능적 효과가 있는 성분 넣고, 마지막에 기름 성분으로 덮어주는 것!

스킨은 기본적으로 피부결을 정리하며 수분을 공급해준다. 에센스는 피부에 보습력을 부여하고, 기능성 성분이 함유되어 피부 고민을 개선하는 데 약간의 도움을 준다. 대부분의 에센스는 수용성 원료로 되어 있기 때문에 유분이 적다. 반드시 이후에 로션과 크림을 발라주어야 한다. 로션과 크림은 유수분을 적절히 가지고 있어, 스킨과 에센스의 수분 성분을 기름막으로 막아주는 역할을 한다. 이렇게 하면 화장품 다이어트 끝!

위에서 예로 든 40대 고객은 에센스와 크림 종류를 다양하게 바르고 있다. 작용 원리로 보면 에센스, 세럼, 앰플은 같은 계열, 수분 크림과 로션이 같은 계열, 아이 크림 및 기타 크림이 같은 계열로 분류할 수 있다. 자신에게 맞는 한 가지 종류를 선택했다면, 그 화장품을 여러 번 레이어링하는 것이 피부 관리에 더 도움이 된다. 피부 구조상 화장품이 피부에 다 스며들지 않는다는 것을 여러 번 강조했다. 바르는 화장품 대부분이 각질층 피부에 남아있다. 그러니 여러 종류를 사용하는 것보다 자신에 피부 상태에 알맞게 필요한 똑똑한 화장품 몇 개만 레이어링해도 충분히 촉촉하고 빛나보인다. 화장품은 한 번만 사용하면 손에 묻는 것이 많아서 피부에 제대로 부착되지 않기 때문에, 나는 화장품 레이어링을 강조한다. 화장품은 아끼는 것이 아니라, '처발처발' 덧발라가며 쓰는 것이라고.

지성 피부나 여드름 피부는 어떻게 할까? 유분이 많아서 건조하지 않을 것 같지만, 대체로 속은 건조한 수분 부족형 지성 피부가 많다. 스킨과 유분이 없는 에센스를 레이어링하고, 마지막에 최소한의 오일 성분으로 된 로션이나 수분 크림으로 마무리하는 것이 좋다. 레이어링 횟수도 자신의 피부 상태에 따라서 다르므로, 스킨, 에센스를 사용하면서 자신의 피부가 좋아하는 레이어링 횟수를 체크해보기를 바란다.

우리가 화장품의 종류를 줄이긴 했지만, 스킨 케어 시간을 줄인 것은 아니다. 다른 공부와 마찬가지로 피부에 투자하는 시간은 길어야 피부가 좋아질 수 있다. 예뻐지기 참 힘들다고 생각하는가? 시간과 노력을 투자한 만큼 결과가 나온다. 이것이 인생의 이치가 아니겠는가?

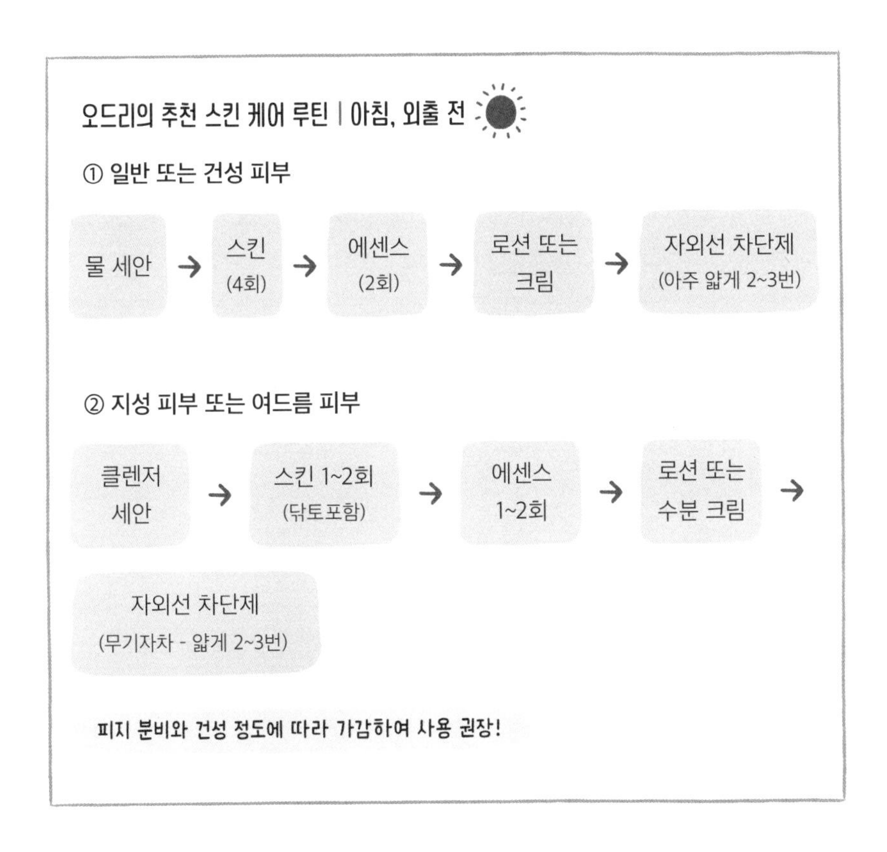

오드리의 추천 스킨 케어 루틴 | 저녁, 귀가 후

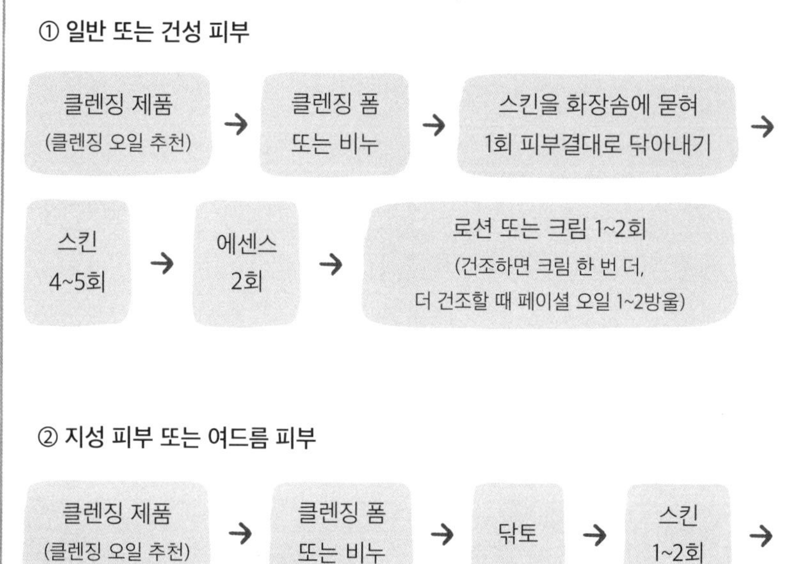

에센스 1~2회 → 로션 또는 수분 크림

주 1~2회 추가 관리

- 각질 제거 (추천템: 효소 파우더 클렌저)
- 토너 팩 (추천템: 사용하고 있는 스킨(흡토)을 화장솜에 충분히 적셔 10분 동안 붙이기), 이후 루틴 그대로
- 에센스 대신에 마스크 시트팩

2. 기존에 쓰던 화장품에 새로운 기능 더하기

유튜브 채널을 통해서 화장품 원료와 기능을 소개하면, 기존에 사용하고 있던 화장품에 소개해준 원료들을 모두 다 넣고 싶다고 하는 시청자들이 상당히 많다. 그들은 피부가 한 번에 드라마틱하게 좋아지기를 바란다.

우리가 음식을 먹을 때, 몸에 좋다고 한 번에 모든 것을 매일 먹는다고 생각해보자. 김치찌개를 끓여 먹는데 김치, 돼지 고기는 기본이고, 몸에 좋은 연어도 넣고, 두부도 넣고, 단백질은 많을수록 좋으니까 계란도 넣고 등등. 어떤 생각이 드는가? 이보다 더 영양 만점인 꿀꿀이 죽이 없다.

피부도 마찬가지다. 남들이 좋다고 하는 화장품을 전부 사용할 것이 아니라, 자신의 피부 타입과 상태에 맞춰서 고르고 선택해야 한다. 자신의 피부 고민에 맞는 원료들을 이해하고 이들이 함유되어 있는 것을 선택하는 것이 좋다. 주름과 미백이 걱정된다면, 스킨이나 에센스를 주름과 미백 2중 기능성 화장품으로 선택하고, 많이 건조해서 보습이 잘 되는 화장품을 찾는다면, 에센스의 기본 베이스가 보습 원료로 된 것을 찾으면 된다. 로션이나 크림도 기능성이 된 것이면 좋겠지만, 기능성이 아니더라도 이미 스킨과 에센스에 기능 성분이 들어갔기 때문에 보습막을 잘 형성해주는 것만 고려하여 선택하면 된다. 로션과 크림은 굳이 2개를 다 바를 필요는 없다. 본인이 발라봤을 때, 마음에 드는 제형을 선택해 하나만 바르면 된다. 그래도 건조하다? 그렇다면 한 가지 화장품을 2~3번 정도 덧바르는 것을 권장한다.

내 유튜브 채널에서 소개했던 보르피린, 이데베논, 토코페롤, 비타민 C, 성장인자(EGF, FGF, IGF), 아세틸헥사펩타이드-8, 트라넥사믹애시드, 나이아신아마이드, 히알루론산, 녹차 추출물, 페이셜 오일 등을 쓰던 화장품에 섞어서 사용 후 피부가 좋아졌다는 사용자의 후기가 많다.

기존에 사용하고 있는 화장품에 새 기능을 추가하고 싶다면, 새로운 화장품을 구매하지 말고 피부 고민에 맞는 원료를 구매하여, 사용하고 있는 화장품에 추가하여 사용하는 것을 추천한다. 단, 원료에 대해서 정확히 공부하고, 전문가의 조언에 따라 혼합하기를 권장한다.

원료 성질에 따른 만들기와 사용법

화장품 원료는 성질에 따라 크게 수용성원료, 유용성 원료로 나눌 수 있다. 물에 녹는 수용성 원료인 비타민 C, 히알루론산, 각종 추출물, 펩타이드, 나이아신아마이드, 트라넥사믹애시드 등은 스킨이나 에센스에 혼합하거나 그 단계에서 원료를 단독으로 추가하여 사용할 수 있다. 기름에 녹는 유용성 원료인 보르피린, 토코페롤, 이데베논 같은 것은 맨 마지막 단계의 화장품과 섞어 바르거나, 마지막에는 단독으로 오일 성분으로 된 원료를 발라주는 것이 효과적이다.

에센스는 대체로 수용성 원료로 구성되어 있기 때문에, 만약 앞선 스킨 단계에서 오일을 바르면 이후 성분들이 전혀 흡수되지 않으므로 아무리 비싼 에센스라 해도 피부에 효과가 떨어진다. 오일 미스트는 피부를 촉촉하게 하지만 스킨 케어 초기에 바르면 이후에 에센스나 수용성 유효 성분 흡수가 방해된다. 이 수용성 원료들이 피부에 흡수되지 않고 피부에 남아 있으면 어떻게 될까? 외부의 건조한 공기가 피부 맨 바깥에 있는 수분을 끌고 가기 때문에 피부 겉, 즉 각질층이 더 건조하게 느껴진다. 즉, 앞 단계에서 오일이나 크림과 같은 유성 원료가 함유된 것을 바르면, 이후 아무리 수용성 보습 성분을 많이 발라도 당기고 건조하다고 느낀다.

기름기가 많은 화장품은 맨 마지막에 발라서 코팅을 한다고 생각하자. 그러면 이전에 발라두었던 수용성 성분(스킨, 에센스, 세럼, 앰플)들이 피부에 잘 흡착되어서 일부는 스며들고 일부는 피부에 남아 보습감을 주게 된다. 이것이 유수분 밸런스이다. 보습 성분과 유효 성분을 피부에 가두어 최대의 효과를 보면서, 건조함은 막을 수 있다. 기억하자! 오일 성분은 맨 마지막에!

피부 타입별 성분 선택 방법

지성 피부, 여드름 피부는 어떻게 바를까? 건강한 피부는 유수분 밸런스가 기본이다. 피지가 많은 피부라면 기본적으로 유분은 많이 넣어줄 필요가 없다. 수분만 잘 넣어줘서, 유분이 수분을 잘 간직하도록 하면 된다. 지성 피부도 피지 분비량이 개인마다 다르다. 수용성 성분을 사용한 뒤 당기는 느낌이 든다면, 수분 크림이나 오일 성분을 아주 살짝 발라준다. 가벼운 수분 크림이나 피지와 비슷한 성질의 스쿠알란, 호호바 오일, 트러블을 유발하지 않는 오일(논코메도제닉 오일)인 홍화씨 오일, 아르간 오일 등을 건조한 느낌에 따라서 양을 조절해서 발라주면 된다. 지성 피부라면, 아주 조금만 발라도 된다. 간혹 아이 크림을 포기하지 못하는 고객들이 있다. 오래 전부터 사용해왔고 나름 만족하고 있기 때문에 아이 크림을 꼭 써야 한다면, 눈가에 에센스를 바르고 나서 아이크림을 아주 얇게 펴 발라준다. 이 부위도 유수분 밸런스를 맞추는 것이다.

화장품 바르는 순서의 기본 중 기본은?

물이 많은 화장품은 가장 먼저, 오일이 많은 화장품은 맨 마지막에! 수분이 많은 화장품 순서대로 발라주면 된다.

화장품 간 궁합

부부, 절친, 좋은 음식에는 공통점이 있다. 바로 궁합이다. 오랫동안 사이 좋은 부부로 남으려면, 좋은 친구 사이가 오래 지속되려면, 함께 먹은 음식이 몸에 좋은 작용을 하려면, 바로 이 둘 사이에 궁합이 좋아야 한다. 화장품도 마찬가지다. 화장품을 통해서 더 나은 효과를 얻기 위해서는 함께 사용하는 화장품 성분이 서로 상승시키는 효과가 있는지를 확인하는 것이 필요하다. 만약 성분 간 서로의 기능을 훼손하거나 상쇄시키는 역할을 하는 화장품을 함께 쓰고 있다면, 피부 관리를 해본들 피부가 나아지기는커녕 효과가 전혀 없거나 오히려 피부 악화의 원인이 되기도 한다.

그렇다면 화장품 사용 시 함께 사용했을 때 효과가 배가 되는 것과 오히려 효과가 떨어지는 것들을 알아보자.

Good (궁합이 좋은 조합) 

각질 제거제 + 기능성 제품(미백, 주름 개선)

피부에 각질이 많이 쌓이면 화장품이 피부에 흡수되지 않고, 부착되기도 쉽지 않다. 메이크업이 들떠 보이거나 제품이 뭉쳐보이는 것도, 각질이 쌓여 메이크업 제품과 합체가 잘 되지 않기 때문이다. 기능성 제품을 발라 흡수를 용이하게 하려면 우선 각질 관리가 필요하다. 각질을 매일 제거할 필요는 없지만 두터운 각질이 생기지 않도록 관리해주는 것이 좋다. 단, 레티놀 함유 제품은 각질을 녹이는 작용을 하므로, 매일 사용하고 있다면 굳이 각질 제거를 별도로 하지 않아도 된다.

각질 제거제 + 보습 제품

각질을 제거하게 되면 일단 피부가 건조해진다. 목욕탕에서 때를 열심히 벗기고 나오면 처음엔 피부가 맨들맨들 부드럽지만 시간이 지나면서 금방 건조해진다. 그러므로 얼굴도 마찬가지로 각질 제거 후 보습 성분의 화장품을 충분히 발라주어야 한다. 위에서 설명한 기능성 제품이 보습이 잘 된다면 더 좋고, 그렇지 않다면 수분 에센스와 크림을 발라서 수분이 오래 유지되도록 '오일 잠금 장치'를 해주는 것이 좋다.

비타민 C + 비타민 E

비타민 C와 비타민 C 유도체(아스코빌글루코사이드, 에칠아스코빌에텔, 소듐아스코빌포스페이트, 아스코빌테트라이소팔미테이트)는 수용성 성질을 가지고 있다. 피부는 약간의 유용성 성분이 있어야 흡수가 잘 되므로, 비타민 E와 그 유도체(토코페롤, 토코페릴아세테이트)를 함께 사용하면 비타민 C의 흡수율을 높일 수 있다.

레티놀 + 자외선차단제

레티놀은 주름 개선 화장품 원료로 빛과 열에 불안정하다. 그래서 주로 밤에 바르는 것을 추천하지만, 낮에 발라야 한다면 자외선 차단제를 두껍게 바르는 것이 좋다.

여드름 관리 제품 + 보습 성분(약간의 오일 함유)

여드름을 케어하는 제품은 대부분 오일 프리 제품이다. 그러나 피부가 건조하다고 느끼면 오히려 피지 생성이 많아질 수 있으므로, 여드름 관리 제품을 사용하고 난 후에는 여드름이 없는 부위에 가볍게 로션을 발라주는 것이 좋다.

알부틴 + 나이아신아마이드

알부틴의 멜라닌 색소 생성 억제, 나이아신아마이드는 멜라닌 세포가 각질 형성 세포의 이동을 방해하므로, 서로 다른 작용 기전을 가진 미백 원료를 섞어쓰면 효과를 상승시킬 수 있다.

Bad (궁합이 나쁜 조합) 

비타민 C + AHA, BHA

비타민 C는 산성(pH 3~4)에 가까운 성분이다. 약간의 각질을 녹이는 작용을 하는데, 여기에 AHA나 BHA 성분도 각질을 녹이는 화학적 각질 제거제이므로 함께 사용하면 피부에 자극이 되어 피부가 붉어지거나, 따갑고 예민해진다.

각질 제거제 + 트러블 관리 제품(AHA, BHA)

어떤 기능성 제품의 흡수를 높이기 위해서는 각질 제거제 사용이 필수다, 그런데 트러블 관리 제품에 있어서는 해당하지 않는다. 트러블 관리 제품 자체 안에, AHA, BHA 성분이 포함되어 있는 제품이 있으므로, 2중으로 각질을 벗겨내는 작용을 하게 된다. 2개를 동시에 사용하지 않도록 한다. 각질 제거제를 사용한 날에는 트러블 관리 제품을 사용하지 않고, 충분히 보습을 해준다. 각질 제거제를 사용하지 않는 날에는 트러블 관리 제품을 사용하는 것이 좋다.

비타민 C + 레티놀

비타민 C와 그 유도체는 pH3~4를 가지고 있어, 일부 피부는 따가움을 느낄 수 있다. 레티놀은 비타민 A 유도체로 피부의 각질을 탈락시켜 피부의 주름 개선 효과를 가지고 오는데, 이것도 민감한 피부에서는 따가움을 일으킬 수 있다.

이 둘을 함께 사용하는 것은 문제가 없으나, 따가움을 일으키는 경우에는 함께 사용하지 않는 것이 좋다. 피부가 예민하거나, 민감하다면, 동시에 사용하지 말고, 번갈아 사용하는 것을 추천한다.

비타민 C + 콜라겐

비타민 C는 단백질이 주성분인 단백질을 응고시켜 피부 속 흡수율이 떨어지게 한다. 따로 사용하거나 아침, 저녁 또는 하루 걸러 번갈아 사용하는 것이 좋다.

모공 수축, 피지 조절 제품 + 노화 예방 제품(크림 제형)

피지가 많은 여드름, 지성 피부는 오일 프리 제품을 자주 사용하는데, 노화 예방을 하고자 유분이 많은 노화 예방 제품을 사용하게 되면, 효과가 떨어진다. 오일 프리를 사용해서 오일을 줄였는데, 유분을 다시 발라주게 되면, 화장품을 바른 것이 아무런 의미가 없게 되고, 피부는 다시 피지 조절을 못하게 된다. 오일의 함량이 적은 에센스, 로션 제형의 안티에이징 제품을 사용하는 것이 좋다.

3장

제형별 기초 화장품의 올바른 사용법과 직접 만들기

기초 화장품을 크게 화장수(스킨), 에센스(세럼, 앰플), 로션(크림) 3가지로 구성되어 있다. 화장품은 이름도 종류도 다양하지만 수분 제공, 특별한 별도 기능(주름 개선, 미백 등), 기름막 형성을 통한 보습 이렇게 3가지 기능만 확실히 하면 된다.

스킨

다양한 화장수

스킨은 보통 액상의 화장수를 말한다. 70~80% 이상이 물, 보습제, 소량의 오일과 가용화제, 에탄올 등이 첨가된 액상 제품이다. 기능에 따라서 피부에 보습을 주고 부드럽게 만들어주는 '유연 화장수', 모공을 수축해주는 '수렴 화장수(아스트리젠트, 이른바 닦토)', 화장을 지우거나 더러워진 피부를 닦아낼 목적으로 사용하는 '세정 화장수(클렌징 워터)', 일상에서 피부에 수분을 공급하거나 청량감을 부여하는 '스킨 미스트(페이셜 미스트)', 유연 화장수보다 더 쫀쫀한 보습력을 느끼게 하는 '점도 있는 스킨(이른바 콧물 스킨)'으로 나눌 수 있다.

화장품 용어는 일반화된 규칙이 없어서, 흡수시키는 화장수의 경우에는 보통 스킨, 스킨 토너, 토너를 혼용해서 사용하고 있다. 특히 인플루언서들 사이에서 줄임말(신조어)을 사용하다 보니, 닦토 같은 신조어들을 일반인들도 자주 사용한다. 해당 신조어들이 화장품 광고나 콘텐츠에서 화장품 용어로 굳어지는 경우가 종종 있으므로, 화장품 구매 시 참고할 수 있도록 줄임말도 챙겨보자.

화장품 신조어

- **흡토** 스킨과 같은 의미로 닦토와 구별하기 위해 사용된 용어로 흡수시키듯 사용하는 토너
- **닦토** 화장 솜에 토너를 적셔, 피부를 닦아내듯 사용하는 토너
- **7 스킨** 처음 1~2회는 닦아내고, 이후로 스킨을 7번까지 덧바른다는 뜻
- **소공녀** 작은 모공을 가진 여자를 일컫는 말
- **워크메틱** work(일) + cosmetics(화장품)의 합성어로 회사 책상에 두고 사용하는 일상 제품을 일컫는 말로 주로 핸드 크림, 립밤, 미스트 등이 해당
- **수부지** '수분 부족 지성 피부'의 줄임말
- **하울** 구매한 물건을 품평하는 내용을 담은 영상을 지칭하는 용어
- **공병템** 바닥까지 싹싹 긁어서 사용한 맘에 꼭 드는 제품
- **립덕** 립스틱을 좋아하고 수집하는 사람
- **처발처발** 화장품을 많이 바르는 것을 강조하는 '처바르다'에서 비롯된 말
- **찹찹** 화장품이 피부에 잘 발리는 느낌의 소리를 흉내낸 말
- **메완얼** '메이크업 완성은 얼굴'의 줄임말. 연예인과 똑같은 메이크업, 헤어 스타일을 했지만, 전혀 그런 느낌이 안 난다는 것을 비꼬아 하는 말
- **콧물 스킨** 스킨인데, 점도가 콧물처럼 약간 걸쭉하다는 의미
- **무기자차** 물리적 차단 성분(이산화티탄, 산화아연)의 자외선 차단제
- **유기자차** 유기적 또는 화학적 차단 성분(에칠헥실메톡시시나메이트 등)의 자외선 차단제
- **혼합자차** 물리적, 화학적 자외선 차단 성분이 혼합된 차단제

화장수의 주요 기능과 종류별 특징

화장수는 세안 후 아직 다 제거되지 않은 노폐물을 한 번 더 닦아내는 의미에서 클렌징의 마지막 단계로 보기도 하고, 기초 화장품을 바르는 첫 단계로 보기도 한다. 모든 화장수의 기본적인 목적은 피부 표면의 각질층에 충분한 수분을 공급하는 데 있다. 이후에 바를 화장품의 흡수를 용이하게 도와주므로, 피부에 타입에 맞는 화장수를 사용하게 되면 수분을 가득 머금은 투명한 피부가 된다. 화장수도 다양한 종류가 있고, 종류마다 조금씩 사용 목적이 다르다.

1. 유연 화장수(스킨, 토너, 흡토)

유연 화장수는 물(액체) 베이스에 보습제와 소량의 오일 등을 적절히 혼합한 것으로 피부 각질층을 촉촉하게 하고, 부드럽게 유지시켜준다. 또한 이후에 바를 다른 화장품이 잘 스며들 수 있는 환경을 만들어주는 역할을 한다. 보통은 액체 상태의 제형이 많으나 건조한 피부에 보습력을 더 부여하고, 사용감을 증진시키기 위해서 소량의 점증제를 첨가하여 물보다 약간 점도가 있는 제형으로 만들어지기도 한다. 일명 '콧물 스킨'이라고 불리는데, 히알루론산이나 셀룰로오즈 성분 또는 기타 점증제를 써서 기존의 액체 타입의 유연 화장수에서 점도를 약간 올려준 것이다. 액체 제형에 비해 피부에 촉촉한 보습과 밀착되는 사용감을 준다.

2. 수렴 화장수(아스트리젠트, 토너, 닦토)

수렴 화장수는 보통 아스트리젠트나 토너라 부르는데, 알코올 성분이 함유되어 있어 요즘 인기 있는 닦토(닦아내는 토너)와 비슷한 개념이다. 지금은 스킨 케어 루틴에서 이 수렴 화장수의 자리는 불분명하다. 사실 아스트리젠트는 모든 피부에 맞는 화장품이 아니다. 알코올 성분이 다량 함유되면 얇은 피부나 민감한 피부에는 자극적이고 건조함을 유발하기 때문이다. 남자 화장품에 알코올이 많이 포함되는 이유는 남성의 피부가 여성에 비해 대체적으로 두꺼워 덜 민감하고, 면도를 하기 때문에 면도 시 발생할 수 있는 세균 감염을 예방하기 위함이다. 알코올이 시원한 청량감을 남기기 때문에, 민감하지 않는 남자들은 그런 청량한 사용감을 선호하기도 한다.

그러나 여드름 피부나 지성 피부에는 청량감을 주되, 자극이 없으면서 염증을 예방하고 모공을 조여주는 그 무언가가 필요했다. 지금의 닦토는 아스트리젠트가 순한 버전이 되어 재탄생한 거다. 닦토는 클렌징의 마지막 단계로 클렌징 후 남아 있는 미세한 메이크업 잔여물이나 모공에 남아있는 노폐물을 제거하는 데 사용된다.

3. 미스트

미스트는 피부에 즉각적인 수분을 공급해주기 위해 사용하는 제품으로, 분사할 때 안개처럼 뿌려진다고 해서 미스트mist라고 한다. 사람들이 미스트를 사용하는 이유는 건조한 날씨나 건조한 공기 환경에 있을 때 휴대하면서 수시로 피부를 촉촉하게 하기 위해서다. 그런데 미스트는 뿌리는 순간만 촉축할 뿐 실제로 피부를 더 건조하게 만든다. 여름철 지성 피부의 경우 너무 더운 날씨 탓에 피부에 열감이 생기고, 땀 등 노폐물로 인한 피지가 계속 올라온다면 피부의 진정과 수분 공급을 위해 미스트를 추천한다. 하지만 건조한 피부는 건조할 때 미스트를 사용하면 얼굴에 뿌린 미스트가 공기 중으로 빠르게 증발하며 얼굴의 수분까지 앗아가 오히려 더 건조함을 느끼게 된다.

미스트 제형 상에 오일의 함량이 적고, 물이 대부분을 차지하는 경우에는 이 수분이 피부에 부착되지 않고, 쉽게 날아가버린다.

미스트는 일상에서 수시로 건조함을 개선하기 위해 뿌려주는 화장품이어서는 안 된다. 잘못된 화장품 마케팅에서 온 잘못된 정보다. 일반 물 제형의 미스트는 여름철 더운 날씨, 지성 피부에게는 추천한다.

한편 다른 종류의 미스트가 있다. 건조한 비행기에서 일할 때 수시로 뿌린다고 해서 이름 붙여진 일명 '승무원 미스트'는 수용성 액체 표면에 일정 이상의 오일 층을 함유하고 있다. 가만히 두면 물과 오일 층이 구분되어 보이지만, 흔들면 물과 오일이 섞이며 일시적으로 뿌옇게 되어 이를 피부에 뿌릴 수 있다. 회사들마다 제품명을 다르게 하는데, 어떤 회사는 이것을 '오일 미스트'라고 부르기도 한다. 100% 오일은 아니다. 결국 다량의 오일이 일시적으로 액체에 가용화되어(용해) 피부에 뿌려지면, 피부에는 오일과 수분이 균일하게 섞인 액체가 내려 앉는다. 이것을 살짝 톡톡 두드려 주면, 유성 성분이 막을 형성하면서 수분 성분이 증발되지 않도록 막아주는 원리다. 피부에 뿌렸을 때 오일의 영향으로 수분이 피부에 잘 부착되고, 증발을 막아주기 때문에 피부의 건조함이 개선될 수 있다.

피부에 맞는 스킨 고르기

스킨의 종류가 많지만 여러 종류의 스킨 중 자신에게 맞는 것 한두 가지만 사용하면 된다. 단, 닦토 한 가지만 사용하는 것은 권장하지 않는다. 닦토는 알코올 성분이 일부 함유되었거나, 일반 스킨에 비해서 보습 성분의 함유량이 적을 수 있다. 각질층을 촉촉하고 부드럽게 해주고 싶다면, 일반 스킨이나 점도 있는 스킨 중 한 개를 선택하여 사용하면 된다. 여드름 또는 지성 피부이고 청량감을 느끼고 개운하게 닦아내는 것을 원한다면 닦토와 일반 스킨을 병행 사용할 수 있다.

초간단 스킨 만들기

간단한 화장품을 만들거나 사용하고 있는 화장품에 원료를 혼합하려고 할 때는 몇몇 도구가 필요하다. 원료의 용량을 측정할 수 있는 그릇과 원료를 옮기기 용이한 도구(스포이트 또는 주둥이가 있는 그릇)가 있으면 좋다. 제시한 도구와 원료들은 모두 온라인으로 쉽게 구입할 수 있고 가격 부담도 크지 않다.

로즈 워터 스킨

민감한 피부에 진정과 보습을 주는 로즈 워터와 사용 중인 스킨을 혼합하여 만드는 스킨이다.

| 권장 피부 일반 피부, 건성 피부

구분	원료명	중량(g)	역할
베이스	사용 중인 스킨	50	수분 공급
첨가물	로즈 워터	50	진정
	합 계	100	

| 만드는 방법

① 비커나 그릇에 사용 중인 스킨과 첨가물을 넣고 잘 젓는다.

② 소독한 용기에 넣고 레이블링한다.

로즈 워터의 효능

로즈 워터는 장미 꽃잎을 수증기 증류할 때 나오는 부산물로, 피부에 적용하면 보습과 진정 효과를 주고, 피부를 부드럽고 유연하게 해줄 수 있다. 민감한 피부에도 사용하기 좋으며 여드름, 발진, 자극된 피부 진정에도 좋다.

실온에서 3개월 사용 가능

라벤더 & 병풀 수딩 스킨

유해 환경에 자극 받은 피부를 진정시키고, 수분을 공급하는 수딩 스킨이다.

| 권장 피부 자극 받은 피부

구분	원료명	중량(g)	역할
수상 베이스	라벤더 워터	80	베이스(진정, 수분 공급)
유상 첨가물	호호바 오일	1방울	유분, 피부 흡수 용이
	라벤더 에센셜 오일	2방울	향기
	폴리글리세릴 4카프레이트	1	가용화제
수상 첨가물	병풀 추출물	10	진정, 보습
	히알루론산 1% 액상	7	보습
	1,2-헥산다이올	2	보습 및 보존
	합 계	100	

| 만드는 방법

① 비커 1에 유상 첨가물을 계량하여 잘 젓는다.

② 비커 2에 수상 첨가물을 계량하여 잘 젓는다.

③ 수상 첨가물을 유상 첨가물에 혼합하여 잘 젓는다.

④ 비커 3에 수상 베이스를 계량한다.

⑤ 첨가물에 수상 베이스를 조금씩 넣으면서 잘 젓는다.

⑥ 모두 섞은 용액을 소독한 용기에 넣고 레이블링한다.

병풀 추출물 효능

병풀 추출물은 호랑이풀이라고 알려져 있다. 상처가 났을 때 바르는 연고 마데카솔의 성분으로도 알려지면서, 화장품과 스킨 케어에 인기 있는 성분이다. 주된 효능은 진정과 상처 치유, 재생, 보습, 피부 장벽 강화 등이다. 병풀 추출물의 다양한 효능 때문에, 병풀 안에 들어있는 각각의 성분이 별도로 추출되어 화장품의 원료로 사용되기도 한다. (병풀의 함유 성분: 마데카소사이드, 아시아티코사이드, 마데카식애시드, 아시아틱애시드 등)

실온에서 3개월 사용 가능

그린티 닦토

녹차 성분이 함유되어 여드름 또는 지성 피부의 피지를 조절하고 피부결을 매끄럽게 해주는 스킨이다.

| 권장 피부 여드름, 지성 피부

구분	원료명	중량(g)	역할
베이스	사용 중인 스킨	70	수분 공급(알코올 성분 없는 것)
첨가물	녹차 추출물	15	피지 조절, 수렴 작용
	소주 또는 담금주	5	수렴 작용
합 계		100	

| 만드는 방법

① 비커에 사용 중인 스킨과 첨가물을 넣고 잘 젓는다.

② 소독한 용기에 넣고 레이블링한다.

소주 또는 담금주를 넣는 이유?

지성 피부의 피지를 조절하기 위한 성분으로 일부 알코올이 필요하다. 실제 알코올에 비해서 소주와 담금주는 알코올 함량이 적으므로, 소주(20% 도수일 경우) 5g을 첨가 시 전체 알코올 성분은 1%로 자극이 되지 않는 수준이다.

실온에서 3개월 사용 가능

화이트닝 스킨

사용하고 있는 스킨에 나이아신아마이드를 혼합함으로써, 나만의 미백 기능성 화장품을 만들 수 있다.

| 권장 피부 일반 피부

구분	원료명	중량(g)	역할
베이스	사용 중인 스킨	95~98	수분 공급
첨가물	나이아신아마이드	2~5	미백 작용
	합 계	100	

| 만드는 방법

사용하고 있는 스킨에 나이아신마아아이드를 혼합하고 잘 흔들어준다.

나이아신아마이드의 효능

비타민 B3, 니코틴아마이드라고도 불리우는 수용성 비타민으로 화이트닝(피부 미백)과 모공 케어에 효과적이다. 피부 타입에 상관없이 두루 사용할 수 있으며, 미백 기능성 화장품 식약처 고시 원료(2~5%)이기도 하다.

실온에서 3개월 사용 가능

로션과 크림

로션과 크림의 차이

로션과 크림은 제형(텍스처)과 사용 목적에서 차이가 있다. 로션과 크림의 차이를 한마디로 말하면, 물과 오일 함량의 차이이다. 로션과 크림 모두 물, 오일, 유화제를 넣어서 유화시킨 에멀션 제형이다. 로션은 물의 함량이 많기 때문에 사용감이 가볍다. 보통 얼굴과 바디에 사용하면 건조한 피부에 유수분을 공급하되, 기름기 없는 상태로 유지할 수 있다. 반면, 크림은 로션에 비해 더 많은 오일이 포함되어 높은 보습 효과를 기대할 수 있다. 오일이 피부에 부착된 보습 성분에 막을 형성하면서 건조함을 막는 원리이다.

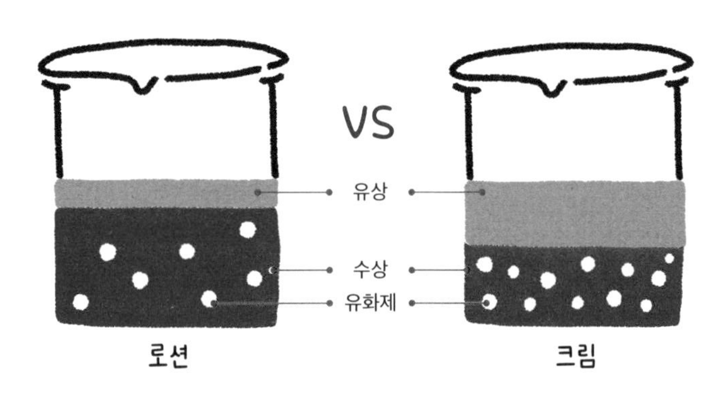

로션과 크림의 성분 비중 차이

로션과 크림의 제형을 알게 되었다면, 2개를 한 번에 모두 사용할 필요 없다는 것을 눈치챌 수 있을 것이다. 자신의 피부 타입에 따라서 한 가지만 사용해도 된다.

피지가 많은 지성 피부, 여드름 피부, 어린이 피부에는 굳이 유분기가 많고 끈적이는 크림을 사용할 필요가 없다. 로션만으로 건조함이 개선되지 않는다면 건조한 부위에 로션을 여러 차례 덧발라주거나, 건조한 부위에만 소량의 크림을 덧발라주면 된다.

로션과 크림의 제형은 제품의 명칭이나 브랜드마다 모호한 차이가 있으므로, 구매 시 사용 목적과 텍스처를 고려하여 구매하는 것을 추천한다.

다양한 종류의 크림

앞에서 로션과 크림의 제형의 차이를 이해했다면, '크림은 로션에 비해서 오일의 함량이 많구나, 좀 더 끈적이겠구나'라고 생각할 것이다. 기본적으로는 맞다. 그런데 크림은 제형에 따른 구분 외 더 세부적으로 나눌 수 있다.

1. 수분 크림

수분 크림은 젤 제형에 약간의 오일을 첨가하여 크림 형태로 만든 제형이다. 피부에 발랐을 때 탱탱한 젤의 사용감으로, 로션보다는 수분 공급이 더 잘되는 느낌이 든다. 수분 크림은 오일의 함량이 적기 때문에, 지성 또는 중성 피부에 알맞다. 건조한 피부에 수분 크림을 사용하고 싶다면, 수분 크림을 바르고 오일이나 다른 크림을 덧발라, 수분 크림에 있는 수분의 증발을 막아주는 것이 좋다.

2. 보습 크림

보습 크림은 수분 크림에 비해서 오일의 양이 많아, 피부에 발랐을 때 수분 크림보다는 촉촉함과 유분감을 느낄 수 있다. 사실 보습 크림이란 개념 안에 영양 크림과 재생 크림이 포함된다. 앞서 말했듯이 피부는 오일과 비슷한 성질이기 때문에, 수성 성분이 피부에 남아있으면 흡수되거나 부착되지 못하고 공기 중으로 휘발된다. 그 과정에서 피부는 오히려 건조함을 느끼게 되고, 수분 크림을 발랐는데도 오히려 더 건조하다고 느낄 수 있는 이유다. 수분 크림을 바르고 건조함을 느꼈다면, 보습 크림을 발라 유분막이 피부에 남도록 해야 한다. 수분이 더 이상 휘발되지 않고 고스란히 남아 유수분 밸런스가 유지되는 것이다.

3. 미백 크림

미백 크림은 미백 기능이 포함된 크림이다. 크림에 미백 성분으로 식약처에 고시된 원료가 권장 함량만큼 들어가면 미백 크림이 된다. 요즘에는 미백과 주름 개선 2중 기능이 가능한 화장품이 많이 나오기 때문에, 미백 효과를 위해서 굳이 미백 크림을 따로 바를 필요는 없다. 스킨이나 에센스에도 미백 기능성 원료가 많이 포함되고, 피부 흡수의 측면에서는 크림보다 에센스 제형이 낫다. 미백 크림은 브랜드마다 오일의 함량에 따라 텍스처나 사용감의 차이가 있으므로, 테스트를 통해서 자신에게 맞는 것을 사용하는 것이 좋다.

4. 영양 크림 & 재생 크림

영양 크림에는 영양 성분, 재생 크림에는 재생 성분이 함유되어 있다고 해서 붙여진 이름이다. 영양이 곧 재생이고, 재생이 곧 영양 같지만, 영양 크림은 건조한 피부에 주로 사용되는 제품으로 보습력이 강하고, 유분이 많아 끈적임이 있다. 심한 건성 피부나, 노화된 피부에 영양을 공급하는 목적으로 사용된다.

반면에 재생 크림은 피부 노화를 방지하고 피부 재생을 촉진하는 제품이다. 제형으로 보면 영양 크림과 별반 차이가 없으나, 피부를 재생시키는 원료들이 함유되기 때문에 기능상 차이가 있다. 그러니 보습력이 강한 재생 크림 또는 영양 크림 하나만 구매하면 된다. 재생 크림만 쓰는데 유분감이 적다고 느낀다면, 천연 오일(호호바 오일, 로즈힙 오일 등)을 마지막에 얇게 펴 바르는 것이 좋다.

5. 톤업 크림

톤업 크림은 피부의 톤을 밝게 올려주는 크림으로, 일시적으로 피부 톤을 화사하게 만들어주는 역할을 한다. 기초 화장품의 루틴이 끝난 후 마지막에 발라주는 것으로 예전의 메이크업 베이스 역할이라 할 수 있다. 크림 안에 이산화티탄, 산화아연 같은 백색의 자외선 차단 원료가 포함되어, 크림을 바르면 피부의 톤이 한층 환해지는 효과가 있다. 특히 소셜 미디어 광고에서는 피부가 하얗게 보이는 걸 강조하며 미백 기능이 있는 것처럼 보여주지만, 실제로는 씻으면 사라지는 성분으로 미백 효과는 없다. 미백 성분이 들어있다 해도 피부에 흡수율이 떨어지므로 이 제품의 미백 성분으로 효과를 기대하는 것은 무리다. 톤업 크림은 스킨 케어 제품으로 분류되어 있으나, 실제로는 기초 화장품처럼 피부에 흡수시키는 것이 아니므로, 반드시 꼼꼼한 클렌징은 필수다.

6. 아이 크림

아이 크림은 말 그대로 눈가에 바르기 위해서 만들어진 것이다. 스킨, 로션, 크림이라는 3종 세트가 기본이라고 알던 1990년대, 아이 크림의 등장은 주름을 걱정하는 여성들의 고민을 한 방에 해결해줄 것으로 여겨졌다. 그만큼 아이 크림은 용량이 적은 것은 기본, 엄청 비싸기까지 했다. 화장품 원료가 지금처럼 발달하지 않았을 때에는 화장품 회사가 주름을 개선하는 레티놀 같은 고가의 화장품 원료를 고보습 크림에 넣고, 눈가에만 사용하기를 권장했다. 하지만 지금은 기능성 화장품 원료와 제형이 다양하고, 기초 화장품 대부분에 주름 개선, 미백 성분을 넣어 식약처에 보고만 하면 기능성 화장품으로 인증받을 수 있으므로 딱히 눈 주위에 특화해서 눈가에만 발라야 한다는 아이 크림을 사용할 필요가 없다. 필요하다면 이미 사용하고 있는 기능성 크림을 얇게 펴서 눈 주위에 바르고 약하게 톡톡 두드려주면 된다. 과거 눈에만 바르는 크림이라 이름 붙이고 광고하다 보니, 사람들은 별도로 눈에 바를 크림이 필요하다고 생각해왔다. 지금 사용하는 기초 화장품 중 기능성 크림이 있고, 이 제품의 텍스처나 사용감이 괜찮다면 눈뿐만 아니라 다른 어느 부위에 사용해도 무방하다.

크림의 종류와 특징

종류	특징
수분 크림	젤 제형에 약간의 오일을 첨가하여 가벼운 크림 제형
보습 크림	수분 크림에 비해서 오일의 양이 많아, 피부에 발랐을 때 좀 더 촉촉하고 유분감 있음.
미백 크림	미백 기능이 포함된 크림(미백 원료 함유)
영양 크림	건조한 피부에 주로 사용되는 제품으로 보습력이 강하고, 유분이 많아 끈적임.
재생 크림	피부 노화를 방지하고 피부 재생을 촉진함.
톤업 크림	피부의 톤을 밝게 해 주는 크림으로, 일시적으로 피부톤을 화사하게 만듦. 사용 후 클렌징 철저히 해야 함.
아이 크림	눈가의 주름을 예방하는 목적의 크림으로, 회사마다 크림의 제형이 다양함. 요즘은 다양한 기능성화장품 제형이 있으므로, 눈가에만 사용한다는 개념이 점점 사라지고 있음.

에센스, 세럼, 앰플

고농축 영양분이 담긴 필수템

기본적인 수분을 공급하는 스킨, 유수분 밸런스를 맞춰주는 로션이나 크림에 비해서 에센스는 기본은 아니지만, 피부가 예쁜 사람들의 머스트 해브 아이템, 즉 그들이 반드시 필요로 하는 제품이다. 에센스라는 말은 '본질, 필수 요소'라는 뜻을 가진 영어 essence에서 비롯되었다. 화장품에서 '에센스'라는 용어를 처음 사용한 회사는 일본의 화장품 기업 '고세'다.

1980년대 후반부터 '에센스'를 제품명으로 사용하기 시작했으며, 피부에 좋은 활성 성분을 고농도로 함유한 화장품을 지칭하는 용어로 자리 잡게 되었다. 이후 우리나라 화장품 회사들도 소비자들의 니즈에 맞춰 앞다투어 이 용어를 사용하기 시작했다. 사실, 화장품의 본고장인 서양에서는 에센스라는 용어를 '세럼'이나 '앰플'로 대신 사용해왔으나, 요즘 K-뷰티의 영향으로 제품명에 에센스라 이름 붙이는 회사가 많아졌다. 용어는 화장품을 제조하거나 판매하는 회사에서 붙이는 것이므로, 이렇다 할 규칙이나 규정이 존재하지 않는다.

실제, 화장품 회사에서는 에센스, 세럼, 앰플의 명칭을 활성 성분 함유량과 제형에 따라 달리 붙인다. 예전에는 액체 타입 제형을 거의 모두 스킨이라고 불렀다. 요즘에는 에센스라고 이름 붙여진 스킨과 같은 액체 제형 화장품을 쉽게 찾아볼 수 있다. 주정의 발효 성분으로 유명한 고가의 일본 화장품 브랜드 SKⅡ의 트리트먼트 에센스와 국내 제1의 화장품 기업 제품이자 엄마들 사이에서 스테디셀러 화장품인 설화수의 워터 에센스도 액체 제형이지만 에센스라는 제품명을 사용한다. 에센스의 기본 의미를 생각하면, 피부를 가꾸는 데 본질적으로 있어야 하는 것이니, 제형보다는 이제 그 원료의 활성 성분에 더 마케팅 포인트를 두고 있는 것으로 보인다.

에센스에 적신 마스크팩

얼굴 모양의 시트를 약간의 점성이 있는 액체에 담궈 한 개의 팩키지로 포장한 마스크팩! 이 속에 들어있는 액체가 에센스의 일종이다. 에센스에

흠뻑 적신 시트를 얼굴에 10~15분 정도 붙이고 있으면, 보습 성분이 피부에 잔존하는 시간이 충분하므로 마스크 시트팩을 하고 나면 피부가 훨씬 좋아 보인다. 시판되는 대부분의 마스크팩 내용물은 최소한의 유효 성분을 넣은 에센스라 할 수 있다.

그러나 실제로 화장품의 유효 성분은 레시피가 공개되지 않기 때문에, 제조사와 책임 판매사의 담당자를 제외하고는 아무도 알 수 없다. 시판되는 화장품의 콘셉트 원료의 사용량은 제조사마다 천차만별이므로, 화장품의 제형을 보고 유효 성분의 함량을 가늠하는 소비자들의 방식은 틀린 것이라 할 수 있다. 소비자들은 대체로 에센스, 세럼, 앰플이라 불리는 것들을 사용할 때 제형에 따라 호불호를 결정한다. 일반 소비자들은 점도가 높으면, 뭔가 농축되었다고 생각하거나, 사용감이 좋다고 느낀다.

실제 화장품 원료들은 100% 원액을 물에 희석하여 제조되므로, 점도가 없는 액체 제형이 많다. 만약 원료가 유성 성분이라면 물과 가용화제를 넣어 실제 에센스 제형처럼 걸쭉하게 보이는 것도 있다. 결국 원료에 따라서 약간의 차이는 있지만, 일반적으로 쫀득쫀득한 점도의 제형은 활성 성분이 고농축으로 있어서가 아니라, 점증제를 넣어서 만든 것이다. 결국 점도와 활성 성분 함량 또는 농도와는 상관 관계는 거의 없다고 할 수 있다.

지금도 새로운 앰플, 세럼, 에센스가 하루에 수십 개 또는 수백 개가 출시되거나 출시를 준비하고 있다. 실질적인 피부 개선 효과보다는 무난한 성분에 예쁜 용기, 촉촉한 사용감, 좋은 향기 등을 내세워 대중의 취향을 저격한다. 가격대도 천차만별이다. 그러니 소비자는 제형과 유효 성분에 관계에 대해서 이해하고, 자신의 피부에 맞는 합리적인 가격의 제품을 직접 선택해 보길 바란다.

제형보다 중요한 유효 성분 함량

특별한 스킨 케어를 위해 에센스, 세럼, 앰플 종류의 화장품을 선택하려고 할 때, 제형 보다는 피부 관리 목적을 염두해두고, 유효 성분이 얼마나 들어있는지 좀 더 세심하게 보는 것을 추천한다. 제조사나 책임 판매사마다 제품의 명칭과 제형이 다를 수 있다. 정해진 규칙이 없다. 어디까지나 자신에게 맞고 필요한 유효 성분 얼마나 들어있느냐가 중요하므로 화장품을 선택할 때 '유효 성분 함유량'을 확인하시는 것 잊지 마시길!

앰플이나 세럼을 활용한 집중 홈 케어

일주일에 1~2회 집중 홈 케어 시 유효 성분이 많이 들어있는 앰플이나 세럼(에센스)을 선택해서, 갈바닉 기기(전류를 이용해 화장품 유효 성분 흡수율을 높이는 기기)로 관리하거나 시트팩 또는 고무팩을 하는 것도 추천한다. 앰플과 세럼을 차갑게 하여 얼굴에 붙이는 마스크 시트팩이나, 물에 적셔 짜 놓은 얇은 화장솜, 시판되는 팩용 화장솜(얇은 화장솜)을 이용해도 좋다. 또 앰플이나 세럼을 듬뿍 바르고, 차가운 물로 갠 고무팩을 해도 좋다. 고무팩은 피부의 온도를 내려 피부를 진정시키고, 외부 공기를 차단시켜 이미 바른 앰플과 세럼의 효과를 극대화시킨다.

유효 성분이 많이 들어있는 앰플이나 세럼의 완제품이 경제적으로 부담이 된다면, 효능이 있는 화장품 성분 원료를 별도로 구매할 수도 있다. 사용하고 있는 기존의 에센스에 따로 구입한 유효 성분을 혼합하여 사용하면 이 또한 훌륭한 앰플이나 세럼이 된다.

앰플과 세럼으로 하는 다양한 집중 홈 케어 방법

미용 기기 사용(갈바닉 기기*)

① 앰플 또는 세럼을 피부에 충분히 도포한다.

② 갈바닉 기기의 원하는 모드 선택한다.

③ 피부에 사용한다(제품마다 사용 모드가 다르므로 사용 전 확인 필요).

* 전류를 이용하여 화장품 유효 성분의 흡수율을 높일 수 있는 미용 기기

앰플 마스크팩

차가운 세럼 또는 앰플을 마스크 시트(또는 팩용 화장솜)에 적신 후 이것을 피부에 올리고 10~15분이 지난 후 떼어낸 후, 로션이나 크림으로 마무리한다.

모델링팩 (고무팩)

① 앰플 또는 세럼을 피부에 충분히 도포한다.

② 모델링팩에 차가운 물을 섞고 개어준다.

③ 얼굴에 바르고 10~15분 정도 둔다.

④ 팩을 떼어낸 후 로션이나 크림으로 마무리한다.

초간단 에센스 만들기

사용 중인 에센스에 기능성 원료를 추가하여 원하는 효과를 가져오는 나만의 기능성 에센스를 만들 수 있다.

미백, 주름 개선 2중 기능성 에센스

사용하고 있는 보습 에센스에 나이아신아마이드 또는 알부틴, 아데노신을 혼합함으로써, 피부 미백과 주름 개선의 효과를 높이는 2중 기능성 에센스를 만들 수 있다.

구분	원료명	중량(g)	역할
베이스	사용 중인 에센스(묽은 제형)	47	수분 공급
첨가물	나이아신아마이드 또는 알부틴	2~5	미백
	아데노신 리포솜(액상)	0.5	주름 개선
	합 계	50	

| 만드는 방법

사용하고 있는 에센스에 나이아신마아이드 또는 알부틴과 아데노신 리포솜를 혼합하고 잘 흔들어준다.

추천하는 미백 원료와 주름 개선 원료

미백 원료 중에서 나이아신마아이드, 주름 개선 원료 중에서 아데노신 리포솜이 물에 잘 섞이기 때문에 묽은 제형의 에센스에 넣어서 바로 흔들어 사용할 수 있다.

실온에서 3개월 사용 가능

갈락토미세스 광채(미백) 앰플

갈락토미스세스 발효 여과물이 함유되어 미세한 각질을 제거하여 피부의 광채를 올려주고, 히알루론산이 피부의 속건조까지 잡아준다.

구분	원료명	중량(g)	역할
수상 베이스	갈락토미세스 발효 여과물	40	탄력 피부, 피부톤 개선
수상 첨가물	브로콜리 추출물	54	피부 진정, 밝고 맑은 피부
	1,2-헥산다이올	2	보습 및 보존
	히알루론산 저분자 분말	1	보습, 점증
	나이아신아마이드	3	미백, 진정
	합 계	100	

| 만드는 방법

① 수상 첨가물을 계량하여 잘 젓는다.

② 수상 첨가물에 수상 베이스를 조금씩 넣으면서 잘 젓는다.

③ 히알루론산 저분자 분말이 다 녹지 않았다면, 랩을 덮어두고 1시간 기다린다.

④ 1시간 후, 소독한 용기에 넣고 레이블링한다.

술을 빚다 발견된 갈락토미세스의 미용 효능

일본 양조장 주조사의 손이 유난히 부드러운 것에서 착안된 발효 원료로, 화장품 브랜드 SKII 피테라 라인의 주 원료가 되었다.

실온에서 3개월 사용 가능

이데베논 리페어 앰플

이데베논이 함유되어 있어, 유수분 밸런스를 맞추고, 꾸준히 사용하면, 피부에 윤기나는 광을 선사한다. 실온에서 3개월 사용 가능하다.

구분	원료명	중량(g)	역할
수상 베이스	로즈 워터(또는 사용하고 있는 스킨)	80	베이스(수분 공급)
첨가물	히알루론산 1% 액상	12	보습
	이데베논	6	피부 안티에이징
	1,2-헥산다이올	2	보습 및 보존
	실온 유화제	0.4~0.5	유화제
합 계		100	

| 만드는 방법

① 수상 베이스와 첨가물을 각각 계량하여 잘 젓는다.

② 첨가물에 수상 베이스를 조금씩 넣으면서 잘 젓는다.

③ 첨가물의 텍스처가 부드럽게 될 때까지 잘 젓는다.

④ 열심히 저어 부드러운 텍스처가 나오면 소독한 용기에 넣고 레이블링한다.

이데베논 효능

이데베논은 1% 함량 원료로 기름기가 느껴지는 제형이다. 강력한 항산화 작용으로 다크 서클과 주름을 예방하는 성분이다.

실온에서 3개월 사용 가능

4장

몸 전체 피부 관리

얼굴이나 손, 허벅지, 등, 두피 모두 우리 몸의 바깥을 싸고 있는 다 같은 피부다. 피부를 관리할 때 어떤 부위는 소중하게, 어떤 부위는 대충 관리하는 식으로 구분하지 않는 게 좋다.

바디 제품의 종류와 특징

얼굴이나 손, 허벅지, 등, 두피 모두 우리 몸의 바깥을 싸고 있는 다 같은 피부다. 얼굴과 허벅지의 피부를 비교해보자. 어디에서 더 많은 세월의 흔적을 느낄 수 있는가? 당연히 얼굴이다. 허벅지는 일반적으로 옷에 가려져 외부 환경으로부터 보호받을 수 있는 부위다. 그래서 얼굴처럼 세월의 흔적이 적나라하게 드러나거나 얼굴 피부와 비슷한 고민을 할 일이 적다.

노화의 진행 상황은 다르지만, 얼굴 외의 피부에도 노화는 찾아온다. 나이가 들며 수분과 탄력이 줄고, 건조해지며 피부 질환이 생기기도 한다. 특히 60대 이상이 되면 자주 몸이 가렵다고 호소하는데 이는 노화로 인해 피부가 건조해지고, 유분이 감소하기 때문에 나타나는 증상이다. 일차적 관리는 몸 구석구석 바디 로션을 꼼꼼히 잘 챙겨 바르면 된다. 증상이 심한 경우에는 피부과 전문의와 상담하는 것을 권장한다. 우리 몸은 매일 시시각각으로 노화가 일어나고 있다. 우리의 목표는 얼굴뿐만 아니라, 바디도 최대한 노화를 지연시켜 전체적으로 건강한 피부를 유지하는 것이다.

향이 강한 바디 제품, 알레르기 유발 성분 확인하기

몸은 얼굴보다 표면적이 넓어 땀이 나는 면적도 넓고, 땀 때문에 특유의 냄새가 발생한다. 운동이나 활동을 하지 않아도 스트레스나 긴장에서 오는 땀들도 피부 표면의 세균과 접촉하면 세균이 땀의 성분을 대사하면서 특유의 냄새를 발생시킨다. 그래서 바디 제품은 일반적으로 향기가 강한 것이 특징이다. 일부 향기 없는 컨셉이나, 민감성 피부용 바디 제품을 제외하면 향기의 강도가 페이셜 제품에 비해 강하다. 향기가 강하다는 것은 향료 속에 들어 있는 알레르기 유발 성분도 포함되어 있다는 뜻이므로, 향료 성분에 민감한 피부라면 바디 제품을 구입 시 꼭 확인하는 것이 좋다. 알레르기 유발 성분이라고 해서 공포심을 가질 필요는 없다. 일부 향료에 민감한 피부에는 자극이 될 수 있으나, 일반인들은 아무 문제없이 사용할 수 있다. 향이 나는 대부분의 화장품에는 일정 비율 이상의 향료가 포함되기 때문에 알레르기 유발 성분이 포함되는 경우가 많다. 씻어내는 제품에 0.01%, 씻어내지 않는 제품에 해당 알레르기 유발 성분이 0.001%만 함유되어도 화장품법에서 의무 표시 사항이므로, 평소에도 화장품에 알레르기 증상이 있는 피부는 향기가 조금 진하다 싶으면 꼭 알레르기 유발 성분을 확인하는 것이 좋다. 대부분 알레르기를 일으키지 않으나, 간혹 자신도 모르는 알레르기가 있을 수 있으므로 지금 사용하고 있는 바디 제품에 특정 알레르기 유발 성분이 들어 있는데 자신에게 문제가 없었다면, 다른 제품을 사용할 때도 해당 향료에 대한 알레르기 유발 성분은 너무 걱정하지 않아도 된다.

향료에 알레르기 유발 성분이 함유된 경우, 화장품 회사는 해당 성분을 별도로 표기해야 한다. 예를 들어 향료에 리모넨, 리날룰 같은 알레르기 유발 성분이 포함되어 있을 경우, 화장품 전성분에 향료를 표기하고, 리모넨, 리날룰을 별도로 표기해야 한다. 즉, "이 제품은 향료가 포함되어 있는데, 향료 중 리모넨과 리날룰이라는 알레르기 유발 성분이 포함되어 있으니 주의하고 사용하세요"라는 의미를 내포하고 있다.

바디 제품은 사용 목적에 따라 피부를 청결하게 하는 세정 제품, 피부의 건조함을 막을 수 있는 보습 제품, 바디의 체취를 좋게 만드는 방향 제품으로 나눌 수 있다.

바디 세정 제품

몸의 이물질과 노폐물을 씻어줌으로써 피부를 청결하게 유지하기 위해 사용하는 제품이다. 계면활성제가 포함된 클렌저와 비누로 나눌 수 있는데, 세정제는 제품의 종류에 따라 제형과 세정력, 사용감이 다르므로 자신에게 필요한 기능을 골라 사용하는 것이 좋다.

1. 바디 워시

바디 클렌저로도 통용되며, 얼굴을 씻어내는 페이셜 클렌저와 마찬가지로 피부 세정용 계면활성제가 포함된다. 얼굴에 비해 몸의 피부가 더 두껍고, 세균 번식이 쉽고, 냄새까지 나므로 페이셜 클렌저보다는 세정 능력이 강하고, 거품이 많이 나며 향이 좀 더 강한 것이 대부분이다. 바디 젤 워시는 일반적인 바디 클렌저에 점도를 높여 거품이 풍부하고 부드러운 사용감을 강조하는 제품이다. 몸을 세정하는 역할은 바디 워시, 바디 클렌저와 같다.

2. 바디 샤워 오일

오일로 샤워가 가능할까? 물론 가능하지 않다. 물과 기름은 섞이지 않기 때문이다. 이 제품은 100% 오일이 아니라, 계면활성제가 포함된 오일이다. 계면활성제의 하위 분류인 유화제가 들어 있다. 유화제는 육안으로 보았을 때 오일처럼 보이고 오일과도 잘 섞이기 때문에 그냥 '샤워 오일'이라는 단어를 사용한 것이다. 우리가 메이크업을 지울 때 사용하는 클렌징 오일과 같은 원리다. 마른 피부에 이 바디 샤워 오일이나 클렌징 오일을 덜어 피부에 마사지하면, 오일처럼 부드럽게 발리지만 물이 닿으면 뿌옇게 변하면서 기름이 물에 섞여 씻겨 내려간다. 클렌징 오일은 1차적으로 메이크업을 지우는 목적으로 사용하지만, 바디 샤워 오일은 이후 따로 바디 클렌저를 사용하지 않는다는 개념이므로 활동을 거의 하지 않거나, 땀을 흘리지 않은 건조한 피부에 사용하면 좋다. 땀을 많이 흘리고 몸에서 냄새가 많이 난다면, 미끈한 잔여감이 남는 바디 샤워 오일보다는 바디 클렌저를 추천한다.

3. 바디 스크럽

한국 사람이라면 대부분 목욕할 때, '때를 민다'는 게 어떤 뜻인지 알 것이다. 하지만 때를 미는 행위는 피부 건강 측면에서 권장되는 행동은 아니다. 때는 우리 피부를 보호하고 있는 각질층이다. 피부에 쌓여있는 죽은 세포나 노폐물을 씻어내기만 하면 되는데, 때를 박박 밀다 보면 보호층인 각질층까지 벗겨 내게 되고, 이로 인해 피부가 손상되거나 몹시 건조해질 수 있기 때문이다.

이태리 타올로 때를 밀지 않고 손으로 만졌을 때 자연스럽게 밀리는 진짜 노폐물은 어떻게 제거할 수 있을까? 그 해답은 바디 스크럽이다. 이태리 타올의 까슬한 표면이 없어도 바디 스크럽 안에 들어있는 작은 알갱이들을 피부에 살살 문지르면, 스크럽 안에 있는 계면활성제와 함께 노폐물과 죽은 세포들이 잘 씻겨 나간다. 얼굴의 죽은 각질을 주기적으로 제거하여 매끄럽게 관리하듯 바디도 스크럽을 이용해서 부드럽게 마사지하듯 문질러주고, 물로 씻어내면 매끈한 피부를 관리할 수 있다. 일주일에 1회 정도 추천한다. 민감한 피부라면 알갱이가 작고 부드러운 알갱이가 포함된 제품을 선택하는 것이 좋다. 바디 스크럽 제품을 구매하지 않고, 집에 있는 고운 죽염 분말이나 흑설탕을 바디 클렌저와 섞어 사용해도 각질 제거에 효과가 있다.

4. 비누

산업이 발달하기 이전에는 때를 씻어내기 위한 목적으로 주로 비누를 사용했다. 비누는 유지(지방)에 수산화나트륨(가성소다)이나 수산화칼륨(가성가리)를 혼합하여 비누화 반응[1]을 거쳐 나온 계면활성제다. 비누는 알칼리

1 지방과 유지를 구성하는 주요 성분인 트리글리세라이드(triglyceride, 글리세롤에 3분자의 지방산이 에스테르 결합한 것)에 강염기인 수산화나트륨(NaOH) 등을 반응시켜 알코올과 카르복시산염을 생성시키는 반응

성을 띠고 있어 기름때를 잘 씻어내는 장점이 있다.

하지만 세정력이 너무 좋아서 오히려 피부의 각질층 보호막을 다 벗겨내기도 하므로, 요즘은 pH를 낮춘 순한 세정제가 비누를 대체하고 있다. 비누화 과정에서 보습에 도움이 되는 성분인 글리세롤이 형성되는데 이것은 비누의 단단함을 유지하기 위해서 주로 제거된다. 요즘 직접 만드는 수제 비누는 글리세롤을 인위적으로 제거하지 않기 때문에, 공장에서 나오는 비누에 비해 어느 정도 보습력이 유지될 수 있다. 천연 비누는 노폐물을 잘 제거하면서 보습력이 있기 때문에 지성 피부나 각질이 잘 생기는 피부에 사용을 권장한다.

5. 외음부 세정제(여성 청결제)

외음부를 청결히 하기 위해 사용되는 제품으로 외음부에 잔류물, 세균 및 불쾌한 냄새를 없애고, 감염의 위험을 줄이기 위해 사용된다. 클렌저(물비누 타입), 포밍 워시, 젤 타입 등 다양한 제형이 있다. 보통 외음부는 pH 4~5의 약산성이므로, 외음부 세정제도 pH를 확인하고 사용하는 것이 좋다. 외음부 세정제로 질 내부를 세척한다고 광고하는 화장품 업체들이 간혹 있는데 이것은 과대 광고다. 식약처에서는 질과 외음부에 사용하는 제품에 대해서 정확히 명시하고 있다. 질 내부에 사용할 수 있는 것은 의약품, 질 내부 세정 목적으로 사용하는 기기는 의료 기기다. 화장품인 외음부 세정제는 질 내부는 사용하지 말아야 한다.

외음부 세정 관련 제품 분류

구분	내용
의약품	• 질염 등 질병의 치료, 경감, 처치를 위해 질 내·외부에 사용 가능
의료 기기	• 질 내부의 세정 목적, 액상 성분이 질 세정기와 함께 구성 • 질 세정 단독 의료 기기
화장품	• 외음부 세정 목적, 질 내부 사용 금지

요즘은 남성용 생식기 세정제도 젊은 세대 사이에 인기가 많다. 남성의 사타구니, 음낭, 음경을 세정하는 제품이다. 이를 M존이라고도 하는데, 이 부위는 여성에 비해 아포크린샘[2]이 발달하여 냄새와 세균의 온상지이기도 하다. 고환과 피부 사이에 습기가 차고, 통풍이 잘 되지 않아 트러블이 생기는 경우도 많다. 요즘 화장품 회사들은 이 제품이 생식기 주변을 청결하게 유지하여 성관계 파트너를 배려한다고 광고하고 있다. 냄새와 세균은 일반 바디 워시로도 제거가 가능하다. 바디 워시도 계면활성제이므로 세균을 제거하기 때문이다. 나도 화장품 회사를 운영하고 있지만, 똑같은 기능의 제품이라도 가능한 한 새로운 수요를 창출해낼 제품을 만들어내는 것이 화장품 회사의 능력인 것 같다. 남성용 세정제의 전성분을 보면, 페이셜 워시나 바디 워시나 크게 다를 것이 없다. '항균 추출물을 더 넣었다', 'pH를 맞췄다' 등 추가 기능을 넣어 생식기 피부에 신경을 쓰고 있던 사람들, 신경을 써볼까 하는 사람들의 구매 의욕을 불러일으킨다.

---

2 땀샘의 하나로 주로 항문, 비뇨기계, 유두에 위치하며 몸의 체취를 발산함.

6. 손 세정제

전세계는 코로나 펜데믹을 통해서 바이러스의 공포를 경험했다. 계면활성제는 피부와 바이러스의 결합을 방해하여 바이러스를 제거한다. 손 세정제에는 순한 계면활성제보다는 바이러스를 떼어내기 위해 좀 더 강한 계면활성제와 항균 성분이 첨가된다. 그러므로 바디용 세정제 중에서 가장 강력한 세정 효과를 가진 것이 손 세정제가 되겠다. 그러나 실제로 성분을 살펴보면, 바디 워시보다 엄청 강력하지는 않다. 기름기를 조금 더 잘 씻어주는 음이온 계면활성제의 함량이 더 포함되어 있다. 코로나 펜데믹 초기에 손 세정제와 손 소독제 품절 대란이 있었다. 관공서, 가정, 사무실, 대중 교통 수단에서 손 소독제를 비치하여 사람들에게 필수적으로 사용을 권장했다.

질병관리본부와 세계보건기구는 바이러스를 제거하기 위해 손 세정제를 쓰거나, 비누로 30초 이상 따뜻한 물로 손을 꼼꼼하게 씻는 것을 권장한다. 사람들은 손 세정제가 비누보다 바이러스나 세균 제거에 효과적이라고 생각하지만 전문가들은 고체 비누가 더 효과적이라고 말한다. 고체 비누는 대부분 알칼리성을 가지고 있어서, 피부에 묻어있는 때가 더욱 깨끗하게 씻겨나간다. 손 소독제는 물 없이 편리하게 손의 바이러스나 세균을 제거할 수 있는 '의약외품'이고, 주성분은 에탄올이다. 이것은 어디까지나 손을 비누나 세정제로 씻을 수 없는 경우에 사용하는 것이므로, 바이러스와 세균 제거의 효과면에서 보면 '고형 비누 〉 손 세정제 〉 손 소독제' 순이 되겠다.

바디 보습 제품

바디에 사용하는 보습 제품은 피부의 유수분을 맞춰주는 기능을 한다. 제품의 종류에 따라 제형과 보습력, 사용감이 다르므로 자신에게 필요한 기능을 골라 사용하는 것이 좋다.

1. 바디 오일

어릴 때 우리는 존슨즈 베이비 오일 같은 제품을 사용하며 바디 오일에 친숙해졌다. 아기들이 목욕하고 나면 피부에 수분이 남아 있는데, 오일을 발라 그것을 증발하지 못하도록 막아주므로 촉촉한 피부가 유지된다. 그 제품의 성분은 미네랄 오일이다. 미네랄 오일은 석유에서 추출되는 무색무취의 오일이다. 석유에서 추출했다는 이야기를 들으면 사람들은 '석유'라는 단어가 주는 느낌 때문에 거부감을 느낀다. 하지만 미네랄 오일은 식용유의 추출, 정제처럼 고순도로 정제되어 화장품 원료로 사용되므로 인체에 무해하다. 바디 오일 성분은 오일 그 자체인 경우도 있고, 앞서 설명한 바디 샤워 오일 또는 클렌징 오일과 비슷한 성분일 수 있다. 목욕을 하고 나오면, 우리 몸은 수분을 머금은 '수화상태'가 된다. 이때 재빨리 오일을 발라주면, 오일이 피부에 막을 형성해 피부에 머물고 있는 수분이 건조한 공기 중으로 빠져나가지 못하도록 막아준다. 즉 촉촉함을 유지할 수 있다. 바디 샤워 오일과 클렌징 오일 안에는 오일과 유화제가 혼합되어 있다. 목욕을 하고 나온 피부에 이 오일을 발라주면, 일시적으로 유화되어 로션처럼 발림성이 좋다. 바디 오일은 여름철보다는 건조한 겨울철, 건조한 피부에 권장한다.

2. 바디 미스트

미스트는 바디 로션이나 오일만큼 끈적이지 않고, 가볍게 뿌려서 피부에 수분을 공급하기 위한 목적으로 사용하는 제품이다. 샤워 후 주로 사용하는 바디 미스트는 보습은 기본, 에센셜 오일이나 향료가 첨가되어 샤워 후 기분을 좋게 하는 데도 도움을 준다. 겨울철에 사용하는 바디 미스트는 약간의 오일이 포함되어 있어 건조함을 막아주고, 여름철에 사용하는 바디 미스트는 알코올이 소량 함유되어 가볍고 산뜻한 사용감으로 청량감을 주기도 한다. 여름철에 사용하는 바디 미스트는 샤워 콜로뉴과 맥락을 같이 하지만 샤워 콜로뉴은 향기에 좀 더 포커스가 맞춰진 제품이라고 할 수 있다.

3. 바디 로션

바디 로션은 피부에 수분을 공급하고, 적절한 유분감으로 건조한 피부를 예방하는 데 도움을 준다. 크림에 비해 수분의 함량이 많은 제형이므로 중성 피부나 적당히 건조한 피부가 바르면 좋다. 악건성 피부라면 로션을 레이어링해서 바르거나, 크림 제형을 바르는 것이 효과적이다. 바디 로션은 샤워 직후 바로 발라야 피부가 건조해지는 것을 막을 수 있다.

4. 바디 크림, 바디 버터, 바디 밤

피부가 매우 건조한 경우 바디 크림나 바디 버터, 바디 밤을 권장한다. 크림 제형으로 로션에 비해서 유분이 많아서 약간 끈적일 수 있다. 바디 버터와 바디 밤은 오일과 버터를 굳혀놓은 것으로 수상은 대부분 포함되지 않아 강력한 오일 막을 형성한다. 수분의 증발을 차단하여 건조해지는 것을 막는 데 용이하므로, 겨울철, 악건성 피부에 사용하는 것이 좋다.

피부 방향제

피부 방향제는 몸에서 나는 체취를 좋은 향기로 대체하여, 사용자의 기분을 좋게 하고, 이미지를 개선하는 것에 그 목적이 있다.

1. 향수

향수는 개인의 매력을 강조하고 특정 분위기를 연출하기 위해서 사용되는 것으로, 향료의 비율이 높은 순서대로 퍼퓸(20~30%), 오드 퍼퓸(15~20%), 오드 투알레트(5~15%), 오드 콜로뉴(3~5%)으로 나눌 수 있다. 향기 지속 시간은 부향율(향의 농도)에 비례한다. 향수는 개인의 이미지를 특별하게 만들기 위한 것이지만, 때와 장소에 맞는 향기와 농도를 골라 사용하는 것이 좋다.

2. 샤워 콜로뉴

샤워 콜로뉴은 향수에 비해 부향률이 낮아(3% 이하) 상대적으로 향이 가볍고, 지속 시간도 짧다. 샤워 후 몸 전체에 가볍게 뿌리는 용도로 짧은 시간에 좋은 향기로 청량감과 상쾌함을 주는 것이 목적이다.

3. 데오드란트

데오드란트는 땀이나 체취를 억제하고, 청결하고 뽀송한 상태를 유지하기 위해 사용되는 냄새 제거제다. 땀이 나면 몸에 있는 세균과 땀이 결합하여 유쾌하지 않는 냄새를 유발하는데, 사람들은 이 제품을 특히 겨드랑이에 주로 사용한다. 서양인의 경우 심한 겨드랑이 냄새 때문에 데오드란트를 오래 전부터 사용했으나, 우리나라에서는 2010년대부터 사용하는 사람들이 부쩍 늘어 판매량이 지속적으로 증가하고 있다.

석유에서 정제한 미네랄 오일은 피부에 해로운가?

미네랄 오일은 석유를 정제해서 얻어지는 오일로, 탄소가 10~50개인 포화 탄화수소로 구성된 물질이다. 쉽게 산화되거나 변질되지 않으며, 미생물 오염이 되지 않는 특징을 가지고 있어, 오래 전부터 페트롤라텀(제품명 바세린)과 더불어 화장품 산업에서 많이 사용되어 왔다. 어릴 때 우리가 많이 사용했던 존슨즈 베이비 오일의 주성분이 바로 이것이다.
석유로부터 만들어졌다는 말 때문에 일반인들은 석유 찌꺼기를 피부에 바르는 것으로 여기기도 하지만 매우 안전하다. 산업용 미네랄 오일과 달리 화장품에 사용하는 미네랄 오일은 산 처리, 중화, 탈수, 탈색, 탈취의 5가지 순도를 높이고 불순물을 낮추는 제조 공정이 포함되기 때문에 피부 사용에 있어서 해가 되지 않고, 부작용이 없으므로 안심하고 사용할 수 있다.

바디 제품은 페이셜 제품과 어떻게 다를까?

"바디 제품은 페이셜 제품과 다르다"는 말은 반은 맞고 반은 틀리다. 제형상으로 보았을 때는 같다. 그러나 바르는 부위가 다르기 때문에 유수분 함량의 차이는 있다. 무엇보다도 가장 차이가 나는 것은 향기다. 우리 몸은 살냄새라고 하는 개인의 특이 체취를 가지고 있기 때문에 샤워 후에도 기본적인 체취가 존재한다. 그래서 바디 제품의 향기가 페이셜 제품에 비해 강하다. 이는 체취를 마스킹하고(약화시키고), 사용자의 기분을 좋게 할 수 있다. 그 다음 차이는 가격이다. 같은 용량이라면 바디 제품이 훨씬 싸다. 이유는 무엇일까?

바로 원료의 질과 함량 차이 때문이다. 얼굴은 365일 외부에 노출된 부위다. 얼굴 피부는 다른 부위에 비해 더 건조하고, 민감하고, 주름이 많이 생기므로 더 좋은 원료가 필요하다. 바디는 여름을 제외하고, 거의 옷에 가려져 있다. 웬만해선 얼굴만큼 이렇다 하게 손상되지 않는다. 그러므로 바디 제품은 얼굴에 사용되는 비싼 효능 원료보다는 기본적인 유수분 밸런스를 맞추는 원료들로 만들기 때문에 상대적으로 저렴하다. 그러면 여기서 문제! 얼굴용 제품을 바디에 써도 될까? 딩동댕! 쓸 수 있다. 그렇다면 반대로 바디용 제품도 얼굴에 사용할 수 있을까? 음, 이건 생각해볼 문제다. 바디 제품도 화장품 회사에 따라서 출시 콘셉트와 원료, 향기가 다르기 때문에, 민감 피부용 바디 제품이라면 성분을 보고 얼굴에 사용해도 된다. 아기들 화장품의 경우 바디용, 얼굴용으로 나누지 않는다. 몸과 얼굴 모두 다 민감하기 때문이다. 마찬가지로 여러분의 피부 전체가 많이 민감하다면, 바디용을 따로 사용하지 말고, 얼굴용 제품으로 얼굴 포함 몸 전체 피부를 관리하는 것이 좋다. 사실 건강한 피부라면 바디용을 얼굴에 사용해도 무방하다. 단, 향기가 강하지 않는 것으로 사용하기!

특수 부위 전용 제품

화장품에 대한 기본 원리를 알게 되면, 현재 가지고 있는 바디 제품으로 손, 발, 목과 같은 부위도 얼마든지 대체하여 사용할 수 있고, 섞어쓰기를 응용할 수 있다.

눈가, 목 부위

눈가와 목 부위 노화를 방지하기 위한 용도로 아이 크림과 넥 크림 등이 있는데 사실 부위별 크림을 굳이 따로 사용할 필요없이 에센스와 기본 크림으로 대신할 수 있다. 단, 눈가는 피지가 없는 피부여서 주름이나 탄력이 떨어지기 쉬우므로 크림은 아주 얇게 펴서 톡톡 두드려주는 것이 효과적이다. 목주름이 걱정되어서 목 관련 제품을 따로 질문하는 경우가 있는데 제품을 따로 사용하기보다 얼굴에 사용하는 제품(스킨, 에센스, 크림 등)을 그대로 적용해주는 것이 좋다. 목도 얼굴과 마찬가지이다. (50대 동안 피부를 가진 모 연예인은 자신은 피부 관리 시 얼굴과 목은 하나라고 생각한다고 했다.) 목 주름은 화장품을 발라 평상시 관리하는 것과 함께 목 스트레칭을 생활화해서, 굵은 주름이 생기지 않도록 신경쓰는 것도 필요하다.

발, 손

발은 건조한 겨울철에 건조해서 각질이 생기기 쉽고, 여름철에는 땀이 차 무좀이 생기거나 맨발로 슬리퍼나 샌들을 신으며 노출된 부위에 각질이 많이 생긴다. 발의 경우는 별도의 전용 제품을 추천한다. 발 전용 각질 연화제나 발 크림이 있는데, 발 사용에 특화되어 있으므로 사용감과 향기가 일반적인 바디나 페이셜용과는 차이가 있다. 항균 작용이나 청량감을 주는 원료들이 포함되어 있다. 전용 제품 구매없이 바디 로션이나 바디 크림에 에센셜 오일(티트리, 페퍼민트 등)을 혼합하여 발 크림으로 사용해도 된다. 각질이 일어나고 두꺼워진 상태의 발이라면, 마른 상태의 뒤꿈치 각질을 버퍼[buffer]로 문질러준다. 물에 불린 상태에서는 죽은 세포와 산 세포가 함께 밀려나오기 때문에 주의가 필요하다. 이후 보습제를 충분히 발라서 보습을 잘 유지할 수 있도록 한다. 각질이 심하면 바디 버터나 바디 밤을 바르고, 양말을 신어서 보습을 유지하는 것이 좋다. 항상 양말을 신는 습관도 건강한 피부를 가진 발을 만드는 데 아주 중요하다.

핸드백이나 가방에 작은 휴대용 핸드 크림을 휴대하는 여성들을 자주 본다. 핸드 크림도 일반적인 크림과 같은 제형이나 손은 일상에서 많이 사용하기 때문에 소비자들은 끈적임이 없는 것을 선호한다. 그래서 핸드 크림은 유수분의 밸런스를 맞추면서도 끈적이지 않도록 하는 실리콘 오일이나 에스테르 오일이 원료에 포함되는 경우가 많다. 일상에서 사용하려면 끈적임이 없는 것으로, 집에서 집중적으로 손 관리를 해야 한다면 얼굴에 사용하는 크림이나 바디 크림을 듬뿍 발라 마사지한 다음 면 장갑을 끼고 잠드는 것을 추천한다. 바디 로션을 핸드 로션과 겸용으로 사용해도 된다.

모발의 종류에 따른 헤어 제품

'패션의 완성은 헤어스타일'이란 말이 있을 정도로, 헤어의 상태는 피부만큼 외모나 이미지에 영향을 주는 요소다.

모발 화장품은 모발과 두피를 청결하게 유지하고 건강하게 하며, 헤어스타일에 색상이나 변화를 부여하는 목적으로 사용하는 화장품이다. 사용 목적에 따른 분류와 그 역할과 특징은 다음과 같다.

사용 목적에 따른 분류	제품 종류	역할 및 기능
세정제	헤어 샴푸, 린스(컨디셔너)	모발과 두피를 청결하게 씻어주고 정돈
트리트먼트제	헤어 트리트먼트, 헤어 팩, 헤어 오일, 헤어 에센스	손상된 모발을 관리하고, 손상 예방, 윤기와 탄력 부여
정발제	헤어 스프레이, 헤어 젤, 무스	모발을 매력적으로 보이게 하기 위해 사용되는 제품으로 헤어스타일 고정이 목적
탈모 완화제	헤어 토닉	두피 강화하여 모근을 튼튼하게 도움
펌제	퍼머넌트제	모발의 웨이브 형성
염모제	헤어 컬러링제	모발을 착색시키는 역할(모발 염색)
제모제	제모 왁스	불필요한 털 제거

샴푸

화장품과 마찬가지로 좋은 샴푸란 자신에게 잘 맞고 자신이 만족하는 샴푸다.

그럼에도 불구하고 "어떤 샴푸가 좋은 샴푸인가?"에 대해 인터넷 검색에서 물어보았다. "좋은 샴푸는 두피나 모발의 피지를 적당히 남기고 잘 세정하면서, 거품이 풍부하여 모발이 엉키는 것을 방지하고, 자극 없는 성분이 주성분이 되어야 하고, 헹굼이 잘 되어야 하고, 모발에 광택을 주고, 빗질도 잘 되어야 하고, 샴푸 후에 비듬이나 가려움이 없어야 하고, 약산성이나 중성이어야 한다"라고 나와 있다. 여기서 말하는 좋은 샴푸는 '건성 두피용 샴푸'다.

헤어는 2가지 기준에서 관리해야 한다. 첫째, 두피 상태에 따른 기준이다. 건성 두피와 지성 두피, 지루성 염증 두피, 비듬이 있는 두피가 있다. 둘째, 모발 기준이다. 건강한 모발, 손상 모발, 가는 모발, 두꺼운 모발이 있다.

일단 샴푸는 자신의 두피를 기준으로 선택하는 것이 좋다. 샴푸의 기본 용도는 노폐물을 씻어내는 것이기 때문에, 두피의 피지 분비 정도에 따라서 샴푸의 선택이 달라질 수 있다. 샴푸는 계면활성제의 세정력과 유효 성분에 따라 지성 두피용이나 건성 두피용으로 구분한다.

1. 지성 두피

두피가 지성이면 피지선에서 모낭을 자극해 모공으로 피지가 분비된다. 이 피지는 모발에도 영향을 미쳐 모발까지 기름지게 하고, 심지어 소위 정수리 냄새라고 하는 불쾌한 두피 냄새를 유발한다. 이런 모발의 경우 세정력이 어느 정도 이상인 샴푸가 도움이 된다. 두피가 민감하지 않다면 굳이 자연 유래 원료를 고집할 필요는 없다. 자연 유래 원료는 대체적으로 세정력이 약해서 피지가 많은 두피에 사용하면, 오히려 가렵거나 정수리 냄새가 빨리 생겨 사용자의 만족도가 떨어질 수 있다. 향기가 어느 정도 나는 것도 좋다. 요즘은 향료에 알레르기 유발 성분이 들어있다고 기피하는 현상이 있는데, 향료 성분에 민감하지 않는 두피라면, 향기가 포함되는 것이 낫다. 사춘기 학생을 제외하더라도 사람들을 만나다 보면, 정수리 냄새가 심한 사람들을 볼 수 있다. 두피 모공 깊숙한 곳에서 올라오는 피지와 그로 인한 냄새는 사회 생활에서 그 사람의 이미지에 부정적이다. 자신의 두피와 모발이 지성 타입이라면, 냄새가 나는지 체크해보라. 아주 예민한 사람이 아니면 자기의 냄새를 알 수 없다. 가족에게 물어보라. 냄새가 나는지 안나는지……. 지성 두피의 샴푸는 세정력은 기본, 향기까지 고려하는 것이 좋다.

2. 비듬이 있는 두피

비듬이 있다면 비듬에 효과가 좋은 징크피리치온, 살리실릭산 성분이 포함된 샴푸를 선택하면 된다.

3. 건성 두피

건성 두피라면 지성 두피와 다르게 조금 세정력이 덜한 것을 사용해도 된다. 계면활성제 함량이 적어도 되고, 순한 계면활성제도 괜찮다. 글루코사이드 계열이 순한 계면활성제이기 때문에, '×××글루코사이드'라고 끝나는 이름을 가진 원료가 있는지 확인하는 것이 좋다. 샴푸 성분 안에 천연 식물성 오일이 들어있는 것도 괜찮다. 예전에는 모발을 부드럽게 하기 위해 실리콘 오일을 첨가했다. 실리콘 오일은 샴푸를 헹구어 내는 과정에서 모발에 일부 흡착되어 모발에 윤기를 준다. 특히 손상 모발용이라고 하는 샴푸들은 세정 외 샴푸 사용 후 부드러운 느낌까지 주어야 하는 것이다. 최근에는 실리콘 오일 대신, 식물성 오일을 넣었다고 광고하는 샴푸 제품을 자주 볼 수 있다. 사실 샴푸에 굳이 오일을 넣을 필요는 없다. 오일이 포함되면 샴푸의 세정력은 떨어지기 때문이다. 모발을 부드럽게 하려면 샴푸 사용 후 컨디셔너나 트리트먼트에 들어있는 오일로 관리해도 충분하다.

4. 탈모 두피

탈모가 이미 진행 중이라면, 탈모의 원인 중 유전적인 요인을 제외한 원인을 명확히 규명해본다. 지루성 두피[3]가 있는 경우, 염증이 심해지면 모낭, 모발의 영양 상태가 악화되고, 모발이 푸석해져 탈모가 생길 수 있다. 여드름이 잘 생기는 사람에게 잘 발생하는 경향이 있으므로, 피부와 함께 관리하는 것이 좋다. 모발과 두피에 피지가 과도하게 쌓이지 않도록 자주 세정하고, 심한 경우에는 징크피리치온(항진균 효과)가 포함된 샴푸를 사용하는 것이 좋다. 또한 비듬, 피지 덩어리, 먼지 등을 잘 제거할 수 있는 두피 스케일링도 병행하면 좋다. 샴푸할 때 두피를 적당히 마사지하면, 혈액 순환을 촉진하여 두피 건강에 좋다. 린스나 트리트먼트는 두피에 닿지 않도록 하고, 충분히 헹궈야 탈모를 예방할 수 있다.

탈모 증상 완화에 도움을 주는 기능성 화장품 원료로 고시된 성분에는

3 두피의 피지샘이 커져 피지량이 늘면서 두피가 감염되어 생기는 피부염으로 비듬이 발생하는 상태

덱스판테놀, 비오틴, L-멘톨, 징크피리치온, 징크피리치온액(50%)이 있다. 탈모를 예방하고 싶거나, 탈모로 고민하고 있다면, 이런 성분이 함유된 샴푸 사용을 권장한다.

쏙쏙 정보 **탈모 증상 완화 성분**(기능성 고시 원료)

<table>
<tr><th>종류</th><th>설명</th><th>기능</th></tr>
<tr><td>덱스판테놀</td><td>• 비타민 B5의 형태</td><td>• 모발과 피부의 수분 유지</td></tr>
<tr><td>비오틴</td><td>• 비타민 B7의 형태</td><td>• 모발 구조 강화,
• 모발의 강도와 윤기 개선</td></tr>
<tr><td>L-멘톨</td><td>• 페퍼민트 허브에서 발견되는 약용 화합물</td><td>• 염증 완화
• 쿨링 효과로 두피 진정 및 가려움 완화</td></tr>
<tr><td>징크피리치온</td><td rowspan="2">• 아연(Zn)을 이용한 합성 화합물
• 징크피리치온 100%원료
• 탈모 증상 완화 배합 한도 1%
• 보존제로도 사용 0.5%(세정제에 한함)
• 기타 제품에는 사용 금지</td><td rowspan="2">• 항진균 효과(지루성 피부염 원인균의 생장 억제, 모공 청소)</td></tr>
<tr><td>징크피리치온액
(50%)</td></tr>
</table>

샴푸의 기본은 세정과 pH밸런스다. 계면활성제로 세정은 해결했다 하더라도 대부분의 계면활성제는 알칼리성의 pH를 가진다. 샴푸를 제조하는 과정에서 다른 원료들과 섞이므로 약알칼리성 또는 중성 정도로 pH는 낮아진다. 화장품과 마찬가지로 두피에 문제가 없는 사람들은 pH가 높은 샴푸

를 써도 괜찮다. 샴푸를 하고 나서 시간이 좀 지나면 pH는 자연스럽게 정상으로 돌아온다. 트리트먼트나 헤어 컨디셔너를 사용하면, 모발의 pH는 맞춰질 수 있다.

문제는 모낭염, 얼굴로 말하면 여드름이 많은 피부인데, 두피에 모낭염이 있다면 약산성 샴푸를 추천한다. 앞에서도 말했듯이 약산성 샴푸만 계속 사용하면 피지와 노폐물이 제대로 제거되지 않아 상태를 악화시키기도 하므로, 가능하면 일주일에 1~2회 정도는 중성 또는 약알칼리 샴푸를 약산성 샴푸와 번갈아가며 사용하고, 약산성을 고수해야 한다면 주 1회 정도는 약산성 샴푸를 사용할 것을 추천한다.

두피의 상태에 따라 샴푸 선택

- **지성 두피** 세정력 중~강, 향기 고려, pH 중성~약알칼리(pH7 ~ 8)
- **건성 두피** 세정력 중~하, 향기 옵션, pH 약산성~중성(pH4.5 ~ 7)
- **지성 & 모낭염 두피** 세정력 중, 향기 옵션, pH 약산성(pH4.5 ~ 6.5)
  약산성과 중성 샴푸를 번갈아 사용할 것을 추천
- **탈모 예방 샴푸** 두피의 상태에 따라 샴푸를 선택하고, 탈모 증상 완화 성분이 들어가 있는 것 선택

합성 계면활성제는 정말 우리 몸에 안 좋은가?

내 두피는 중성이다. 그래도 나는 샴푸 후 두피가 깔끔해지는 느낌을 좋아한다. 지금 내가 사용하는 샴푸 속 계면활성제는 합성 계면활성제다. 합성 계면활성제가 두피를 자극해 탈모를 유발한다고 주장하는 사람들이 꽤 있다. 내 생각은 좀 다르다. '합성'이어도 피부 상태와 목적에 맞는 원료라면 문제는 없다고 생각한다. 샴푸나 세안용, 바디용 세정제는 계면활성제 100%만 사용되는 것이 아니다. 세정제는 여러 가지 종류의 계면활성제, 보습제, 추출물, 보존제, 유효 성분, 기타 다양한 성분으로 구성된다. 시중에 있는 일반 샴푸 하나를 예로 들면, 합성 계면활성제 함량은 30%, 나머지 70%는 물이다. 샴푸 100g을 기준으로 실제 합성 계면활성제의 함량은 10% 내외다. 100g짜리를 짧은 모발에 30회 사용한다고 가정했을 때, 한 번 사용 시, 약 0.3%를 사용하게 된다. 우리는 이것을 피부에 발라 흡수시키지 않고, 두피와 모발에 물과 함께 묻혀 거품을 내서 잘 문질러준 다음 깨끗이 씻어낸다. 식약처도 화장품에 배합 한도를 두지 않은 안전한 원료다.

샴푸를 사용해보면 베이스 원료는 계면활성제이지만 유효 성분이 얼마나 함유되어 있는지가 더 중요하다. 계면활성제와 정제수만 포함된 제품과 유효 성분의 함량이 많이 포함된 제품을 비교해보면, 후자가 훨씬 사용자의 만족도가 높다. 처음에 나는 화장품 만들기 강의로 화장품 업계 일을 시작했기 때문에, 이런 원료를 오래 전부터 수업에 활용했다. 초창기에는 코코넛과 팜에서 추출한 원료라고 해서 천연인 줄 알고 만들었다. 점차 지식이 쌓여가면서, 코코넛과 팜에서 추출한 원료를 가지고 만든 합성 계면활성제라는 것을 알게 되었다. 기존의 샴푸 레시피를 버리고, 천연 유래 계면활성제의 트렌드에 따라 유효 성분은 그대로 두고, 베이스를 천연 유래 계면활성제로 변경했다. 예전부터 사용하던 사람들의 불만이 높아졌다. "세정이 안 된다, 모발이 떡진다(모발에 기름기가 많아 모발끼리 붙은 상태), 예전 것보다 안 좋다" 등등. 그래서 기존 레시피로 돌아가 제품에 합성 계면활성제를 사용하였고, 소비자들의 반응이 좋아 완제품으로 출시하였다.

계면활성제가 합성이냐, 천연 유래냐가 가장 중요한 게 아니라, 모발에 좋은 성분들이 얼마나 있는가가 샴푸 기능의 차별점을 가져온다. 합성 계면활성제라 하더라도 목적과 사용 부위에 맞게 적정 용량을 사용할 때는 문제가 되지 않는다. 과용과 오용이 문제다. 또 제대로 꼼꼼히 씻어내면 전혀 문제가 되지 않는다.

계면활성제를 만드는 원료 회사 기술 담당자들과 이야기 해보면, 세정력으로 봤을 때, 합성 계면활성제를 따라갈 수 있는 천연 유래 계면활성제는 아직 그 어디에도 없단다. 몸에 좋지 않다는 라면과 식품 첨가물로 만들어진 인스턴스 식품은 부담없이 몸에 흡수시키면서, 두피나 피부에 목적에 맞게 사용하고 깨끗이 씻어내는 소량의 합성 계면활성제가 독극물인 것처럼 콘텐츠를 만드는 사람들의 글과 영상이 인터넷에 도배하고 있는 것이 안타깝다.

정리

- 깨끗한 세정력을 포커스를 맞추려면 합성 계면활성제 포함한 제품 권장!
- 세정력은 좀 떨어지더라도 부드럽고 자극 없는 것에 맞추려면 자연 유래 계면활성제 포함 제품 권장!

컨디셔너 & 트리트먼트 & 헤어팩

샴푸로 두피와 모발을 깨끗하게 세정했으니, 이제 모발을 어떻게 관리할지 모발 관리 제품을 알아보자. 모발은 케라틴 단백질 성분으로 이루어져 있으므로 잦은 펌이나 염색, 열 드라이기 사용은 모발의 손상을 가속화시킨다. 모발이 잘 끊어지기도 하고, 건조해지고, 표면이 거칠어지고 끝이 갈라지기도 한다.

컨디셔너는 린스와 같은 말로, '헹구다'는 의미에서 '린스rinse'라는 말이 생겨났으나, 요즘에는 '컨디셔너'라는 용어로 통일되고 있다. 정전기를 방지해주는 양이온 계면활성제, pH조절제, 오일, 유화제 등이 포함되어 샴푸 후에 뻣뻣해진 모발을 부드럽게 만들어주는 역할을 한다. 요즘에는 샴푸에도 정전기 방지 원료가 포함되거나, 샴푸가 약산성 pH를 가지고 있는 경우도 많아 모발이 길지 않다면, 굳이 컨디셔너를 사용할 필요가 없다. 린스는 두피에 닿지 않도록 모발에만 발라 어느 정도 흡착시킨 후 헹궈내면 된다. 샴푸로 이미 깨끗하게 세정한 두피에 린스가 닿는다면 두피에 유분기를 남기게 되므로 두피는 다시 트러블이 생길 수 있다.

트리트먼트는 뭔가? 말 그대로 '관리, 처치'라는 뜻으로, 컨디셔너와 비슷한 방법으로 사용될 수 있으나, 성분에 있어서 모발을 건강하게 만드는 원료들이 더 많이 들어간 것으로 이해하면 된다. 그래서 트리트먼트는 헤어팩과 같은 의미로, 컨디셔너처럼 바로 헹구어내기보다는 얼굴에 일정 시간 마스크시트를 붙이는 것처럼, 모발에 적당량을 부착해서 영양과 보습을 공급한 후 헹궈내는 제품이다. 트리트먼트의 구성 성분을 보면, 물과 유화제, 양이온 계면활성제, 오일, 케라틴, 콜라겐, 보습제 등 모발에 보습과 영양을 주는 원료들이다. 이 또한 샴푸 후에 적당량을 두피에 닿지 않도록 모발에만 부착시킨 후에 일정 시간이 지난 후 깨끗이 헹구어내면 된다. 손상 정도가 심하다면 전기로 열을 공급하는 헤어캡을 사용하면 효과가 더욱 좋다.

헤어 에센스 & 헤어 오일

세안하고 난 후 얼굴에 에센스나 크림을 바르듯, 건강한 모발을 유지하고 손상을 예방하기 위해서 모발에 유수분을 넣어주는 것이 헤어 에센스다. 로션 타입으로 되어 있는 에센스는 유수분 밸런스를 맞춰주고, 오일에 비해 끈적임이 덜하다. 모발이 얇고 가늘거나 숱이 많지 않은 경우에 추천한다.

헤어 오일의 베이스는 주로 실리콘 오일들로 이루어져 있다. 일부 천연 오일을 컨셉으로 하는 헤어 오일이 있는데, 전성분을 보면 천연 오일이 1% 도 채 들어있지 않고 나머지는 모두 실리콘 오일이다. 이유는 천연 오일을 모발에 바르면, 질감이 무거워서 모발에 기름기가 많아 모발끼리 붙어있는 상태로 보이기 때문이다. 실리콘 오일은 모발을 가볍게 코팅하므로 긴 모발이나, 컬이 있는 모발, 곱슬머리, 손상 모발에 사용하면 좋다. 손상 정도가 심한 경우에는 머리를 감고 나서, 젖은 상태에서 오일을 적절히 발라준다. 오일이 수분을 코팅하여, 이후 열 드라이를 하더라도 수분 손실을 막고, 열로부터 손상을 예방할 수 있다. 드라이 이후 아주 조금만 발라 머릿결과 끝을 정돈하면 윤기와 탄력을 동시에 누릴 수 있다.

단, 헤어에 오일이나 에센스를 바른 경우에는 야외 활동 시 오일의 흡착력 때문에 먼지나 오물이 더 달라붙을 수 있으므로, 외출하고 돌아오면 바로 샴푸해주는 것이 좋다.

샴푸가 탈모를 개선할 수 있을까?

먼저, 이 질문에 대한 나의 답은 '△'이다. 탈모의 가장 큰 원인은 유전이지만, 스트레스나 호르몬의 변화에 의해서도 많이 생긴다.

머리카락이 빠지는 문제가 단순히 특정 샴푸 하나를 썼다고 개선되지는 않는다. 먼저 원인을 찾아 치료하고, 이후 관리 차원에서 샴푸의 도움을 받는 것이라면 분명 효과가 있다. .

식약처에서 인증하는 탈모 관련 기능성 화장품은 탈모 예방이나 방지가 아닌, '탈모 증상 완화'다.

식약처에서 고시한 탈모 증상 완화 성분

성분명 및 함량	용법
복합제로서 • 덱스판테놀 0.2% • 살리실릭애씨드 0.25% • L-멘톨 0.3%	모발이 젖은 상태에서 적당량을 취하여 모발과 두피에 가볍게 마사지한 후 물로 깨끗이 씻어낸다.
복합제로서 • 나이아신아마이드 0.3% • 덱스판테놀 0.5% • 비오틴 0.06% • 징크피리치온액(50%), 2.0%	모발이 젖은 상태에서 적당량을 취하여 모발과 두피에 가볍게 마사지한다. 거품을 낸 상태에서 약 3분 동안 기다린 후 물로 깨끗이 씻어낸다.

기본 샴푸 베이스에 식약처가 고시한 복합 원료를 배합하여 넣고, 임상 실험 자료를 받으면 '탈모 증상 완화에 도움을 주는 기능성 화장품'으로 인증받을 수 있다.

탈모가 있다면 샴푸에만 의존하지 말고, 일단 건강을 먼저 돌보는 것이 좋다. 머리카락이 빠지는 이유 중에는 혈액 순환 장애가 원인인 경우도 있다. 우리 몸의 영양소가 혈액을 타고 두피까지 가야하는데, 스트레스가 쌓이거나 어깨가 뭉치거나 목이 뻣뻣하면 두피 쪽으로 영양 공급이 늦거나 차질이 생긴다. 그러므로 어깨 마사지, 두피 마사지가 먼저다. 그러고 나서 손가락 끝으로 두피를 톡톡톡 쳐서 기분 좋은 자극을 주는 것도 좋다. 빗으로 해도 되고, 두피 관리하는 기기나 기구들이 있으니 활용하면 좋다. 또, 두피의 염증으로 탈모가 생기기도 한다. 이런 경우에는 염증을 예방할 수 있는 원료(징크피리치온, 병풀 추출물, 프로폴리스 추출물, 녹차 추출물, 티트리 오일 등)가 함유된 샴푸가 두피 개선에 상당히 도움이 된다. 이와 같이 탈모는 그 원인이 한 가지에만 국한되지 않고, 여러 가지 복합 요인으로 발생한다. 건강 관리, 근육 관리와 함께 탈모 완화 성분이 들어있는 샴푸로 두피를 관리해야 효과를 볼 수 있다.

건강한 모발을 위한 헤어 케어 방법

건강한 모발을 위한 관리도 사실 특별한 것이 없다. 피부와 마찬가지로 관심과 적절한 제품을 사용하는 게 중요하다.

1. 자신에게 맞는 샴푸를 선택하고, 자기 전에 머리 감고 말리기

나는 중성 두피이고, 향을 중요시한다. 그래서 어느 정도의 세정력이 있는 중성 샴푸를 사용중이고, 향기도 자연 향과 인공 향이 적절히 조화된 것을 쓰고 있다. 머리 감기는 1일 1회, 보통 저녁에 감는 것이 좋다. 머리카락은 흡착력이 좋아서 온갖 먼지와 노폐물이 잘 붙는다. 머리카락 색이 진해서 육안으로 확인할 수 없을 뿐 모발은 생각보다 더럽다. 외출 후 돌아와 머리를 감는 것이 좋고, 자기 전에는 반드시 완전히 말려야 한다. 젖은 상태가 오래 지속되면, 모발이 수분에 부풀면서 상태가 약해져 모발 손상으로 이어질 수 있다. 또한 축축한 상태로 잠자리에 들면 비듬균과 곰팡균이 증식하게 되고, 이것들은 불쾌한 냄새까지 유발한다.

2. 헤어 트리트먼트나 헤어 팩 사용하기

모발을 건강하게 만들기 위해서는 피부처럼 유수분 밸런스를 맞춰주는 것이 좋다. 우리 몸에 영양제를 넣어주듯 모발에도 매일은 아니더라도 영양제를 투여한다. 헤어 팩처럼 10분 정도 모발에 발라서, 캡을 쓰고 따뜻하게 유지해주면 더욱 효과적이다.

3. 헤어 오일이나 헤어 에센스 사용하기

모발이 가늘거나 숱이 적은 모발은 헤어 에센스나 세럼, 모발이 굵고 손상이 심한 모발, 뜨는 모발 등은 헤어 오일을 사용한다.

헤어 오일을 젖은 상태에서 발라주면 수분 증발을 막기 때문에 모발의 수분을 보호하고 윤기를 더할 수 있다.

건강한 헤어 케어 순서

머리 수건으로 닦기 → 헤어 에센스 바르기 → 드라이로 말리기

5장

화장보다 더 중요한 클렌징

깨끗한 클렌징은 매우 중요하다. 클렌징은 동안 피부를 관리하기 위한 첫 번째 관문이기도 하다. 그러나 과도한 클렌징은 피부 장벽을 손상시켜 유수분 밸런스를 망가뜨릴 수도 있다.

클렌징의 중요성

세안할 때 피부에서 뽀드득 소리가 날 때까지 해야 개운하게 씻은 것 같다고 생각하는 사람들이 많다. 피부 건강을 생각한다면 이것은 좋은 세안법이 아니다. 피부에 있는 각질층의 기본 보습 성분까지 다 빼앗아 피부가 건조해지고, 예민해지기 때문이다. 잘못된 클렌징은 피부 보호막을 손상시키고, 피부 건강을 악화시킬 수 있으므로 올바르게 사용하는 것이 중요하다.

클렌징 수칙

1. 피부 타입에 맞는 클렌저 선택하기

클렌저 제품은 여드름 또는 지성 피부, 건성 피부, 아기 피부, 메이크업 여부, 자외선 차단제 사용 여부 등에 따라 다르게 선택할 수 있다.

예를 들어 여드름 또는 지성 피부인데 메이크업을 했다면, 집에 돌아와 해야 할 스킨 케어 루틴 중 첫 번째는 메이크업을 지우는 것이다. 피부 타입에 따라 약산성, 중성 및 약알칼리 제품을 선택할 수 있다. 각질 제거까지 원하는 경우, 피부의 민감도에 따라 알맞은 제형이나 타입을 선택해야 한다.

2. 클렌징 전 손 씻고, 건조하기

손에는 많은 세균이 있다. 얼굴에 균을 씻어내기 위해서 클렌징을 하는 것인데, 손을 씻지 않고 얼굴 클렌징을 하면, 손에 있는 세균을 얼굴에 다시 붙이는 꼴이 되어버린다. 깨끗이 손을 씻고, 닦아 물기가 없는 상태가 좋다. 클렌징 오일이나 클렌징 로션 크림 제형은 물이 묻어 있는 상태에서 피부에 닿게 되면, 노폐물을 끄집어내기 전에 유화가 되어 클렌징이 제대로 되지 못한다.

3. 과도한 클렌징은 금물

피부 타입에 맞는 클렌징 방법을 선택해야 피부를 보호할 수 있다. 각질 제거제를 사용하기도 하는데 각질 제거제의 사용 횟수는 피부 타입에 따라 달라져야 한다. 민감한 피부는 더 적은 횟수로, 신진 대사가 원활해 각질이 잘 생기는 피부라면 더 자주 필요할 수도 있다. 중요한 건 세안 후 피부가 뽀드득거리는 상태가 되면 안된다. 촉촉한 느낌이 있도록 해주는 것이 건강한 클렌징이다. 각질층이 적절하게 유지되어야 피부를 유해 환경으로부터 보호할 수 있고, 수분이 빠져나가지 않도록 막을 수 있다.

4. 클렌징은 최대한 부드럽게 하기

클렌징은 제품에 따라서 강한 압으로 세안 시 피부에 손상을 초래할 수 있다. 가능한 한 부드럽게 러빙하는 것이 좋다. 피겨 스케이터 김연아 선수처럼 피부를 빙판 삼아 부드러운 트리플플립을 연출해보라.

5. 물의 온도는 미지근하게 하기

우리 몸은 적절히 따뜻한 것을 좋아한다. 너무 뜨겁거나 차가운 것은 건강에도 나쁜 영향을 미친다. 너무 뜨거운 것은 노화를 촉진하고, 너무 차가운 것은 면역력을 떨어뜨린다. 피부도 마찬가지다.

단, 각질 제거를 위해 모공을 열어줄 때는 따뜻한 온습포나 온스티머를 사용할 수 있고, 이때 마지막 마무리는 약간 차가운 물로 하는 것이 좋다.

화장은 하는 것보다 지우는 것이 더 중요

2000년대, 배우 고현정은 애경산업의 폰즈라는 클렌징 제품 광고에 출연하면서 우리나라 화장품 역사에 큰 획을 그은 카피를 말했다.

"화장은 하는 것보다 지우는 것이 중요합니다."

이전까지는 '어떻게 하면, 피부를 보기 좋게 가꿀까?', '색조 화장품을 어떻게 사용하면 더 매력적으로 보일까?'에 대한 관심이 주를 이뤘었는데, 이 광고가 당시 사람들에게 클렌징의 중요성을 일깨워준 것이다.

실제 클렌징이 제대로 되지 않으면, 여러 가지 피부 문제가 야기된다. 메이크업 제품, 오염 물질, 기타 노폐물이 피부에 남으면 피지가 제대로 배출되지 못해 여드름이나 트러블이 생길 수 있고. 메이크업 제품은 제품에 따라 피부의 수분을 앗아가 피부가 건조해지는 원인이 될 수 있다. 또한 피부를 자극할 수 있는 성분(색소, 향료 등)이 포함되기 때문에, 오랫동안 피부에 머물러 있는 경우 피부 자극이 유발되어 붉어지거나, 가려움, 피부 염증을 초래할 수 있다. 특히 건조한 피부와 노화 피부의 경우 더욱 클렌징을 열심히 해야 하는 이유가 있다. 주름이 잘 생기고, 주름이 많이 생긴 경우에는 메이크업을 했을 때 주름 사이로 메이크업 제품이 낄 수 있다. 이것은 더 깊은 주름을 초래할 수 있으므로, 가능하다면 메이크업 하는 시간을 최소화하면서 깨끗하게 클렌징하는 것이 아주 중요하다.

효과적인 클렌징을 위한 제품

클렌징 제품은 사용 목적에 따라 여러 가지 제형과 기능으로 나눌 수 있다.

1. 클렌징 워터

가벼운 메이크업을 제거하는 수성 타입 클렌저로 적당한 양의 클렌징 워터를 화장솜에 묻혀 얼굴을 부드럽게 닦아낸다. 일반적으로 클렌징 워터는 사용 후 씻어내지 않아도 되는 컨셉이라 세안이 불가피한 상황에서 유용하다. 이 제품은 겉보기에는 물처럼 보이지만, 약간의 계면활성제가 함유되어 세정력이 있다. 2차 물 세안을 하지 않을 경우 필요하다면 화장솜으로 반복하여 닦아내고, 마지막에 스킨을 사용하여 피부를 진정시킨다. 메이크업 제거용으로 사용하는 경우에는 클렌징 워터로 닦아낸 후 반드시 2차 물 세안을 권장한다.

2. 클렌징 오일

클렌징 오일은 메이크업을 지우거나 블랙헤드 등 기타 피부 노폐물을 자극없이 제거하는데 효과적이다. 1차 메이크업 제거용으로 강력 추천하는데, 메이크업 제품 제거 후에는 비누나 페이셜 클렌저로 한 번 더 세안하는 것이 좋다. 클렌징 오일의 베이스에는 여러 가지 오일이 사용될 수 있으나, 시판 제품에는 대체로 미네랄 오일이 사용된다. 식물성 오일이 함유된 클렌징 오일은 가격이 조금 비싸지만, 피부에 친화적이고, 사용감이 묵직하다. 메이크업을 진하게 했을 경우 립앤아이 리무버를 따로 사용하는 경우가 많은데, 천연 오일이 들어있는 클렌징 오일을 쓴다면 눈이나 점막에 자극이 되지 않으므로 리무버를 대신하여 사용해도 좋다.

3. 클렌징 밤

클렌징 오일을 밤balm 제형으로 굳혀 놓은 것이다. 클렌징 오일과 베이스가 같다면 사용 효과는 같다. 밤은 반고체 제형이므로 사용 시 피부 온도로 녹여 문지르면서 물로 바로 씻어내야 한다. 클렌징 원리는 클렌징 오일과 동일하다. 크림 용기에 들어있어 스패출러로 덜어 쓰는 방식이고, 휴대 시 액체처럼 샐 염려가 없어 여행용 제품으로 사용하거나 액체 형태가 불편하다고 느끼는 사용자에게 권장한다.

4. 클렌징 로션, 클렌징 크림

클렌징을 위한 로션과 크림 제형으로 물과 오일의 함량에 따라 로션 또는 크림으로 나뉜다. 메이크업을 가볍게 한 경우나 지성 피부는 클렌징 로션, 진한 메이크업을 한 경우나 건성 피부는 클렌징 크림 사용을 추천한다. 두 제형 모두 적당량을 손에 덜어 얼굴에 부드럽게 마사지하고, 티슈로 닦거나 물로 씻어낸다.

5. 페이셜 클렌저(세안용 클렌저)

세안용 클렌저에는 여러 가지 제형이 있다. 하지만 피부 노폐물 제거가 목적이므로 모두 세정용 계면활성제가 포함된다.

클렌징 폼은 지방산과 수산화칼륨의 비누화 반응으로 만들어진 반죽 상태인 페이스트 제형으로 대부분 튜브 형태의 용기에 들어있고 세정이 잘 되며, 거품이 풍성하다.

포밍 클렌저는 거품을 생성하는 용기에 들어있는 제품이 많다. 인위적으로 거품 생성 용기를 이용하기 때문에 계면활성제의 함량이 다른 제품에 비해서 적다. 피부에 자극이 덜하고, 사용감이 부드럽다.

클렌징 젤은 계면활성제와 물에 점도제를 넣어 만든 걸쭉한 제형이다.

예전의 세안용 클렌저는 알칼리성 제품이 대부분이었지만 요즘은 약산성 제품이 많이 나오고 있다. 하지만 앞서 말했듯이 지성 피부에는 세정력이 약한 약산성이 피부 트러블을 일으킬 수도 있으므로, 무조건 약산성이 좋은 것은 아니다. 그러므로 자신의 피부 타입에 따른 제품을 선택해야 한다.

6. 비누

시판되는 비누는 크게 2가지로 나눌 수 있다. 일반 공장에서 나온 단단한 비누, 전통 방식으로 오일과 수산화나트륨의 비누화 반응을 통해서 나온 천연 비누(상대적으로 덜 단단)이다.

단단한 비누의 경우 세정은 잘 되지만, 피부에 유분을 지나치게 빼앗아 가므로 건성 피부에는 권장하지 않는다. 천연 비누는 그에 비해 보습력이 있고 세정도 잘 되지만, 무르다는 것이 단점이다. 비누의 pH는 알칼리성이므로 사용 시 손에 먼저 물을 충분히 묻히고, 비누 거품을 충분히 내어 사용하면 노폐물 제거가 쉽고 빨라 비누를 적게 사용하므로 자극 없이 클렌징이 가능하다.

쏙쏙 정보 **피부 타입별 페이셜 클렌저 추천**

- **건성, 민감성 피부**

  클렌징 오일(클렌징 밤) → 클렌징 젤(약산성), 포밍 클렌저(중성, 약산성)

- **지성, 복합성, 여드름 피부**

  클렌징 워터 → 폼 클렌저(약알칼리), 클렌징 젤(약산성), 포밍 클렌저(중성, 약산성)

7. 각질 제거제

피부에 주기적으로 올라오는 노폐물과 각질을 제거해주기 위한 제품으로 원료에 따라 물리적 각질 제거제와 화학적 각질 제거제로 나눌 수 있다. 각질 제거제는 페이셜용과 바디용으로도 나눠져 있는데, 보통 바디용으로는 물리적 각질 제거제가 인기 있다.

물리적 각질 제거제

피부에 문지르는 등 작은 자극을 줄 때 함께 사용하는 제품으로 셀룰로오스가 포함된 고마쥐 타입, 곡물 알갱이, 설탕, 솔트(소금), 호두 껍질 파우더등 거친 원료가 포함된 워시오프 타입 각질 제거제가 있다. 셀룰로오스[1] 성분이 들어있는 경우 피부에 바르고 문지르면, 셀룰로오스가 때처럼 밀리며 피부 각질을 함께 밀고 나오는 원리다. 물리적 각질 제거제는 피부에 문지를 때 강약 조절이 안되는 경우 알갱이들이 자극이 될 수 있으므로 민감한 피부보다 건강한 피부에 사용을 권장한다.

화학적 각질 제거제

pH가 산성인 원료를 사용하여, 물리적 마찰 없이 그대로 두어 각질을 제거하는 제품이다. 각질 제거 효과가 있는 AHA, BHA, PHA, RHA 등의 원료들이 세정제나 기초 화장품에 포함되는데, 이 경우에는 씻어내지 않고 피

---

1 물에 녹지 않는 섬유소 성분

부에 그대로 두어 각질이 자연스럽게 제거되는 것이므로, 지성 및 여드름 피부에 적합하다. 해당 성분의 함량에 따라 피부에 미치는 화학적 자극 강도가 달라지기 때문에, 자신의 피부 상태를 확인하고 각질 제거제를 선택하는 것이 좋다. 매일 사용하는 것보다는 자신의 피부를 관찰하면서 횟수를 정하는 것이 좋고, 화학적 각질 제거제가 들어있는 기초 화장품을 사용하는 기간에는 별도의 각질 제거가 필요하지 않으니 사용 시 2가지를 동시에 사용하지 않도록 주의한다.

효소 각질 제거제는 제품 속 특정 효소가 각질을 녹이는 데 도움을 준다. 일반적으로 파파야에서 추출한 파파인과 파인애플에서 추출한 브로멜라인 효소가 사용되는데, 얼굴을 따뜻하게 한 다음 제품을 바르고, 랩으로 덮거나 스티머를 사용하면 효소가 피부의 각질을 자연스럽게 녹인다.

화학적 각질 제거제 4인방

구분	설명	종류
AHA (AlpHa Hydroxy Acid) **과일산, 아하**	• 수용성 • 적은 농도 사용 시 보습 효과 • 국내 배합 한도 없음 • 건성 피부 권장 • 시작 농도 2%	글라이콜릭애시드 (사탕수수, 사탕무), 락틱애시드(우유), 말릭애시드(사과), 시트릭애씨드(감귤류), 만델릭애시드 (쓴 아몬드), 타타릭애시드(포도)
BHA (Beta Hydroxy Acid) **살리실릭산, 바하**	• 지용성 • 모공 내 피지 제거, 블랙 헤드 제거 • 여드름 피부 기능성 화장품 원료(세정제, 배합 한도 -0.5%) • 보존제 기능 • 자극 있으므로 적은 농도로 사용 • 외국 제품에는 흡수시키는 제품에 2% 이상 사용	살리실릭애시드
PHA (Poly Hydroxy Acid) **파하**	• 수용성 • 분자 구조가 커서 자극이 적음 • 각질 제거, 피부결 관리 • 안티에이징 효과	글루코노락톤, 락토바이오애시드
LHA (Lipo Hydroxy Acid) **라하**	• 지용성, 살리실릭산 유도체 • 분자 구조가 커서 자극이 적음 • 민감한 지성 피부 추천	카프릴로일살리실릭 애시드

6장

건강한 피부의 기본:
보습과 미백

화장품은 일상품이다. 개인 위생뿐만 아니라 사회 생활을 하기 위해서는 씻는 것을 빼놓을 수 없고, 건강하고 밝은 피부로 살고 싶다면 기초 화장품을 건너뛸 수 없으며, 얼굴 외모의 단점을 커버하고 매력을 뽐내고 싶다면 메이크업 화장품은 필수이기 때문이다. 그러므로 성분의 이해도 매우 중요하다.

화장품 성분이 중요한 이유

매일 우리는 여러 종류의 화장품을 피부에 사용하고 흡수시키며 살아가므로 화장품 속에 어떤 원료들이 포함되는지 살펴볼 필요가 있다. 음식을 선택할 때 건강을 위해서 어떤 성분이 들어있는지 확인하는 것과 같다. 화장품은 화학 성분의 혼합물이다. 천연 화장품, 유기농 화장품, 비건 화장품 등 여러 가지 천연 원료와 자연 유래 원료를 사용한다고 하지만, 100% 자연 원료는 아니다. 화장품이라는 제품을 만들어낸다는 것은 이미 화학적인 성분이 포함된다는 의미를 가지고 있다. 천연 또는 자연 유래 성분이라 하더라도, 반드시 좋기만 하다고 할 수 없다. 사람의 피부가 제각각이기 때문이다. A라는 화장품을 사용하고 피부가 맑아지는 것을 보았다. 나도 A를 구입해서 사용했더니 내 맑아지기는 커녕, 오히려 트러블이 났다. A 화장품을 탓할 것이 아니라 내 피부의 트러블을 일으키는 원인이 무엇인지, 나에게 알레르기를 일으키는 성분이 있는지 확인해볼 필요가 있다.

내 피부에 안전한 성분 찾기

화장품에는 특정 제형을 만들어내기 위해서 또는 사용감을 위해 사용되는 화학 성분들이 있다. 이런 성분들은 어떤 피부에는 피부 자극, 알레르기 반응, 염증 등을 유발할 수 있으므로 피부가 민감한 사람들은 화장품의 표시 사항에 있는 성분을 좀 더 꼼꼼하게 체크해서 선택하는 것이 좋다. 화학적인 원료는 모두 트러블의 원인이고, 자연 유래 원료는 다 순하고 안전하다고 생각하는 소비자들이 많은데, 꼭 그렇지만은 않다. 천연 원료, 자연 유래 원료로만 만들어졌다 해도, 특정 식물이나 특정 원료에 대해서 알레르기를 일으키는 사람들이 있다. 알로에 성분을 예로 들 수 있다. 알로에는 피부 진정, 보습, 재생 성분으로 화장품에 많이 사용되고, 대부분의 소비자들이 좋아하는 성분이다. 나도 알로에 성분을 크림 제조에 사용하고 있는데, 많은 고객들이 좋아하고 재구매한다. 그런데 간혹 알로에 성분이 들어있는 화장품을 사용하면 피부가 뒤집어진다는 고객들을 보았다. 이들은 화장품을 썼을 때, 자신의 피부 문제를 파악했고, 그 트러블의 원인이 알로에라는 것

을 알게 되었다. 이후로 화장품을 선택할 때는 알로에 성분의 유무를 확인해서, 해당 성분이 없는 안전한 화장품을 선택할 수 있는 것이다.

피부에 특정 효과가 있는 성분 찾기

화장품을 구매할 때 우리는 각자의 피부 고민을 해결해줄 수 있는 화장품을 탐색하게 되는데, 그 고민을 해결해주는 것은 바로 제품 속 유효 성분과 함량이다. 칙칙한 얼굴이 고민이라면, 그것을 해결해줄 수 있는 미백 성분이 들어있는 화장품을 찾고, 주름이 걱정이라면 주름 개선 성분이 들어있는 화장품을 찾는다. 미백 기능성 화장품이라고 해서 다 똑같은 효과를 내지는 않는다. 미백 기능 성분과 함량, 제형에 따라서 피부에 미치는 영향과 효과가 달라지기 때문이다. 그러므로 자신의 피부 고민에 도움이 되는 성분을 찾아보고, 그 성분이 얼마나 함유되었는지까지 확인 후 화장품을 선택하는 것이 좋다. 소비자의 고민에 관련하여 화장품에 미백, 탄력, 주름 개선과 같은 구체적 기능을 좀 강화시켜 관련 성분을 일정 이상 함유한 것이 기능성 화장품이다. 이는 식약처를 통해 보고되고, 심사 제도를 통해서 관리되고 있으므로 만약 화장품 성분에 대해 지식이 없다면, 식약처가 인증한 기능성 화장품을 사용하는 것이 좋다. 한편, 이 책에서 언급하는 기능별 화장품 성분들을 확인해서, 해당 성분이 함유된 화장품을 찾아 구매해서 사용하거나, 직접 기능성 성분 원료를 구매해서 사용하고 있는 화장품에 혼합하여 자신만의 화장품을 만들어 사용해도 좋다. (단, 원료를 구매해서 직접 혼합할 때는 혼합 비율 등에 대해 전문가의 조언에 따라 사용할 것을 추천한다.)

환경 친화적이고 지속 가능한 화장품 찾기

산업이 발달하며 지구 환경은 몸살을 앓고 있다. 세계 각국 정부도 이상 기후와 환경 오염의 심각성을 인지하고, 제한된 자원과 환경을 지키기 위해 기업의 지속 가능한 산업 활동을 강조하기 시작했다.

소비자들도 환경을 고려하는 기업의 제품을 선호하고, 가치있는 소비에 동참하고 있다. 화장품 역시 원료, 생산, 포장 및 패키지, 배송 등 전 과정에 지속 가능성을 모색하고 생산 및 유통하는 방식을 점차적으로 채택하고 있다. 일부 화장품 성분 중 인체에는 해가 되지 않지만, 환경에 나쁜 영향을 미치는 것들이 있다. 화장품에 일부 포함된 미세 플라스틱은 환경 오염을 일으킬 뿐만이 아니라 해양 생태계에 잔류하여 해양 생물 등에 미칠 수 있는 잠재적 영향이 있기 때문에 우리나라에서는 2017년에 씻어내는 제품에 한해서는 미세 플라스틱 원료의 사용을 전면 금지했다. 또 미국이나 EU(유럽연합) 국가에서도 환경에 영향을 줄 수 있는 일부 원료들에 대해서 규제를 실시하고 있다. 우리나라도 외국의 규제 사례를 보면서, 환경에 영향을 미치는 원료들에 대해 규제 방안을 점점 확대하고 있다. 가치있는 소비에 대한 소비자들의 인식이 높아짐에 따라 다수의 화장품 기업들도 지속 가능한 화장품 산업을 만들기 위해 노력 중이다.

미세 플라스틱 폴리에틸렌(Polyethylene), 아크릴레이트코폴리머 (Acrylates copolymer) 외 20종	2017. 7. 1.부터는 개정된 <화장품 안전기준 등에 관한 규정>에 따라 세정, 각질 제거 등의 목적으로 사용되는 제품에 남아 있는 5mm 크기 이하의 고체 플라스틱 사용이 전면 금지
옥시벤존(oxybenzone), 옥티녹세이트(octinoxate)	2021년부터 하와이는 해양 생물의 내분비 교란 가능성을 증가시키는 2가지 성분이 함유된 자외선 차단제의 판매와 유통을 금지 예) 산호초를 하얗게 죽이는 '백화 현상'을 초래
사이클로테트라실록세인, 사이클로펜타실록세인	유럽 화학청(ECHA)은 2020년 1월 31일 이후로 환경 및 생태계 오염의 우려로 '사용 후 씻어내는(wash-off) 화장품'에 사이클로실록세인 중 '사이클로테트라실록세인(이하 D4)' 및 '사이클로펜타실록세인(이하 D5)'의 함량을 중량 대비 0.1% 미만으로 제한

촉촉한 피부를 만드는 보습 성분

보습이 중요한 이유

흔히 말하는 동안 피부를 가진 사람들에게 피부 관리하는 방법을 물어보면, 그중에서 가장 기본이 되는 공통의 방법은 피부의 건조를 막아 촉촉하게 유지하는 것, 바로 보습이다.

예전 유명한 한 여자 연예인은 피부 관리의 노하우 중 우선 순위는 보습으로 차를 운전할 때 아무리 춥거나 더워도 절대 히터나 에어컨을 틀지 않는다고 말해서 화제가 된 적이 있다.

건강한 피부의 기본 상태는 적절한 유수분이 유지되는 상태다. 즉, 보습이 매우 중요한 역할을 한다. 수분과 보습은 비슷하게 들릴 수 있지만, 약간 다른 의미를 가진다. 아무리 피부에 수분을 많이 올려놓아도 건조한 공기에 노출되면 피부에 남지 않고 증발되어 오히려 피부가 더 건조하다. 반면 보습保濕은 단순 수분과 달리 '피부에 함유된 수분을 보호한다'라는 의미를 가지고 있다. 그러니 수분 성분만 올려놓는다고 끝이 아니라, 수분 성분이 증발하지 않도록 피부 표면을 보호해주는 유분 성분도 중요하다. 보습 관리는 즉, 유수분 밸런스 관리를 뜻한다.

피부가 건조해지는 요인 중 '노화'라는 내부적인 요인은 어쩔 수 없다. 노화가 진행되면 피부에 수분량이 팍팍 줄어든다. 피부뿐 아니라, 신체 곳곳에서 수분이 부족하다는 신호를 보낸다. 외부 환경도 우리의 보습 사수에 영향을 미친다. 우리나라는 춥고 건조한 겨울이 있기 때문에 혹한의 추위나 건조한 공기에 주기적으로 노출될 수밖에 없다. 계절이 바뀌는 환절기, 봄과 가을도 건조하다. 여름은 어떤가? 밖은 엄청나게 덥고 습하지만, 실내에 있는 사람들은 대부분 에어컨을 빵빵하게 틀어 건조한 공기를 피할 수 없다.

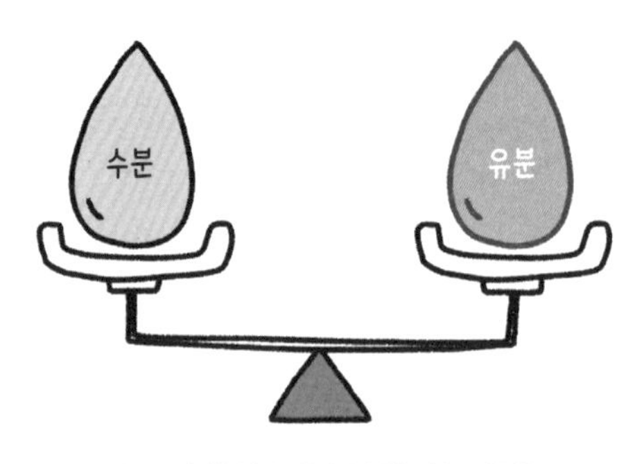

보습의 핵심은 유수분 밸런스 관리!

외부 환경이 건조할 때, 피할 수 있다면 그 상황을 피하는 것이 좋다. 피할 수 없다면, 화장품으로 유수분 밸런스를 인위적으로 조절해야 한다.

일단 관리 부족으로 피부가 건조해지면, 수분이 감소하고 피부 장벽이 손상된다. 피부 각질층에 각질 세포(벽돌) 사이사이를 메우고 있는 성분(시멘트, 세포간지질)이 있다고 한 것을 기억하는가? 세포간지질의 대표 성분, 세라마이드가 없어지면 수분 유지 능력이 약화되고, 건조하고 탄력이 저하되고, 가려움증 등이 유발될 수 있다. 그러므로 여러분이 원하는 피부가 되기 위한 첫 번째 조건으로 보습을 다시 한번 더 강조해도 과한 게 아니다.

보습 성분과 보습 화장품

화장품 성분인 보습제에는 습윤제, 밀폐제, 연화제, 장벽대체제 4가지 종류가 있다. 이를 다시 크게 나눠 보면, 수용성 보습 성분을 충분히 공급하는 습윤제와 수분이 증발되지 않도록 오일로 막아주는 밀폐제(밀폐제, 연화제, 장벽대체제)로 나눌 수 있다.

습윤제는 물 분자를 끌어당기고 결합하여 피부가 수분을 보존하고 유지할 수 있도록 한다. 주로 많이 알려진 친수성 원료로는 글리세린, 히알루론산, 판테놀, 부틸렌글라이콜, 펜틸렌글라이콜, 알로에 베라젤, 솔비톨, 베타인 등이 있다. 이런 원료들이 피부 보습에 좋다는 이야기를 듣고, 원료를 구매하여 이런 원료들만 열심히 바르는 사람들이 있다. 친수성 원료이기 때문에 수분 공급을 통해 어느 정도의 보습에 도움이 되지만 외부의 건조한 공기가 피부에 있는 보습 성분을 빼앗아 피부는 오히려 더 건조함을 느낄 수 있다. 이런 원료들을 사용했다면 이들을 피부에 가둘 수 있는 수분 증발을 차단하는 밀폐제가 필요하다.

밀폐제는 피부 표면에 불투과성 막을 형성하여 수분 손실을 최소화하는 물질을 말한다. 주로 친유성 원료로 오일 성분이 여기에 해당한다. 식물성 오일(올리브 오일, 스윗아몬드 오일, 올리브 오일 등), 스쿠알란, 실리콘 오일, 페트롤라텀, 미네랄 오일, 세라마이드 등이 있다.

대표적인 보습 화장품인 로션이나 크림은 물과 기름이 적절히 혼합된 에멀션 제형의 보습제다. 습윤제와 밀폐제가 골고루 섞여 있어 수분감이 피부에 오래 남고, 이것이 건조해지지 않도록 밀폐제가 막아주는 것이다. 그러므로 최상의 보습 조건은 유수분 밸런스를 맞춰주는 것이다. 유분은 많은데 수분이 부족한 수부지 피부(수분 부족형 지성 피부)나 여드름 피부에는 수분(습윤제)을 더 공급하고, 보습제를 충분히 발라도 빨리 건조함을 느끼는 건성 피부에는 수분 증발 차단(밀폐제)이 더 필요하다. 오일이 많이 함유된 크림이나, 밤, 오일 제형을 마지막에 발라주는 것이 좋다.

보습 성분	기능	종류
습윤제	물 분자를 끌어 당기고 결합하여 피부가 수분을 보존하고 유지하도록 함	글리세린, 히알루론산, 판테놀, 부틸렌글라이콜, 펜틸렌글라이콜, 알로에 베라젤, 솔비톨, 베타인 등
밀폐제 (연화제, 장벽대체체 포함)	피부 표면에 불투과성 막을 형성하여 수분 손실을 최소화함	식물성 오일(올리브 오일, 스윗아몬드 오일 등), 스쿠알란, 실리콘 오일, 페트롤라텀, 미네랄 오일, 세라마이드 등

보습 원료로 더 촉촉해지기

피부에 보습을 유지하기 위해 사용하고 있던 기존 화장품에 보습 효과가 있는 원료를 추가하여 기능을 강화할 수 있다. 피부 타입에 따라서 습윤제와 밀폐제의 비중을 선택한다.

수분 부족형 지성 피부나 여드름 피부는 사용하고 있는 스킨이나 에센스에 습윤제를 추가하여 사용하고, 추가로 밀폐제 역할로 로션이나 크림 등을 조금 발라준다.

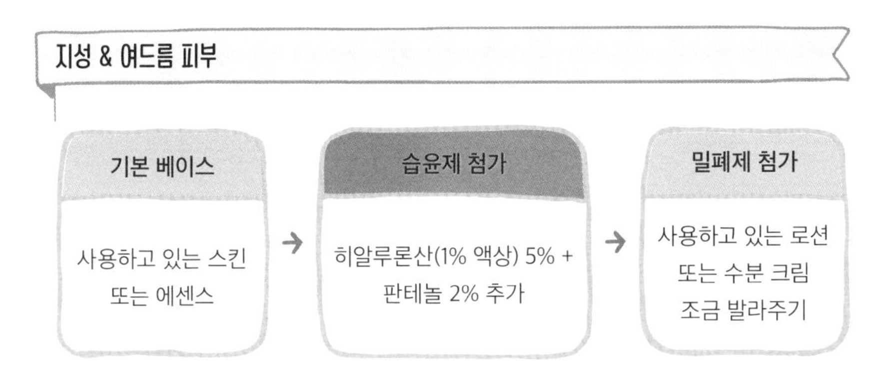

건성 피부는 기본 습윤제를 충분히 발라주고, 이것이 손실되지 않도록 오일 성분을 가급적 빨리 발라주는 것이 좋다. 밀폐의 효능이 가장 강한 것은 실리콘오일, 미네랄 오일, 페트롤라텀이다. 그러나 천연 성분을 원하는 경우에는 식물성 오일을 추천한다. 식물성 오일은 밀폐의 역할은 위에서 나열한 원료보다 좀 떨어질 수 있으나, 피부에 좋은 여러 가지 효과도 가지고 있기 때문에, 건조한 피부는 크림 이후에 추가로 천연 오일을 바르는 것을 추천한다.

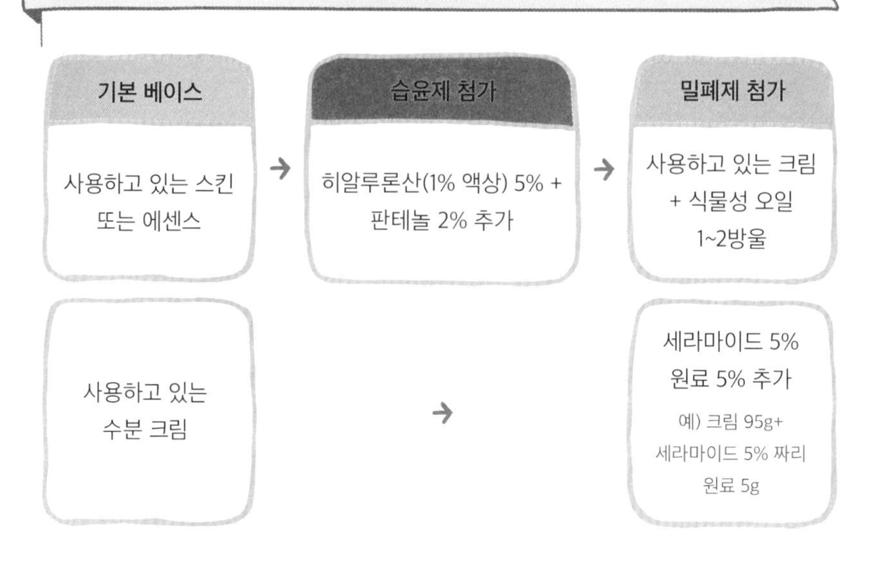

밝고 환한 피부를 만드는 미백 성분

미백을 중요시하는 동아시아 여자들

서양 여성들은 검게 그을린 피부를 건강의 상징으로 생각하는 경향이 있다. 외국에 나가 보면 해가 높이 떠 있는 날, 많은 사람들이 도심의 공원에서 옷을 훌러덩 벗고 일광욕을 즐기는 풍경을 쉽게 볼 수 있다. 일부 여성들은 검게 그을린 피부색을 강조하며 자신의 건강함을 과시하기도 한다.[1]

반면 동아시아 여성은 미백에 집착한다. 예로부터 양가집 규수의 외모를 말할 때, '백옥같이'라는 단어를 주로 사용했다. 즉, 아름다움의 기준이 하얀 피부였다. 과거 노비나 농부들은 밖에서 일하다 보면 햇볕에 노출되어 피부가 까맣게 그을리며 손상되므로 이와 상반되는 하얀 피부가 상징적인 의미로 고귀함을 나타내기도 했다.

동서양 미의 기준 차이를 떠나 햇볕에 노출이 되었을 경우, 피부가 검게 탈 뿐만 아니라 피부 손상이나 주름 등 피부 노화의 원인으로 알려져 있다. 그러므로 밝고 환한 피부는 젊고 건강한 피부를 상징한다고 할 수 있다.

결점 없는 깨끗한 피부는 가능한가?

"피부 미백을 위해서 기능성 화장품 원료로 고시되어 있는 나이아신아마이드 원료를 사용하고 있는 화장품에 2~5% 섞어서 바르시고요. 자외선 차단제도 꼭 챙겨 바르세요. 가끔 비타민 C 팩하는 것도 잊지 마세요."

나는 칙칙한 피부로 고민하는 사람들에게 이런 관리 팁을 알려주면서도 백옥같이 하얀 피부가 실제로 가능한가에 대한 의문이 들 때가 있다. 현대 사회는 과거 계급 사회와는 다르다. 양반집 마님이나 조신한 아가씨는 더 이상 없다. 스포츠를 즐기고, 여행을 다니려면, 어쩔 수 없이 자외선에 노출된다. 자외선 차단을 조금만 소홀히 하면, 주근깨, 기미 같은 불청객은 어느새

1 그런데 2023년도의 서양인들은 더 이상 햇볕을 그토록 사랑하지 않는다고 한다. 자외선이 피부노화를 촉진한다는 것을 알게 된 것이다. 2023년 화장품 원료 박람회를 참관하면서 서양 여성들의 인식이 변화하고 있다는 것을 알게 되었다. 우리나라의 업계 1위 자외선 차단 원료업체의 관계자에 따르면, 검게 그을린 피부보다 건강한 피부를 더 선호하는 트렌드로 인해 유럽 국가로 자외선 차단 원료의 수출이 폭발적으로 증가했다고 한다.

우리의 예쁜 피부를 망가뜨리고 만다. 특히 여성은 출산이라는 과정을 겪으면서, 더 진하고 띠 같은 기미를 만나게 되는데, 그 당사자가 바로 나다. 내 피부는 전체적으로 하얀 편이다. 어릴 때는 주근깨가 있었고, 아기를 출산하고부터는 기미의 띠가 양쪽 광대에 선명하게 자리잡고 있다. 피부과에서 레이저 토닝 등 시술을 받아보았지만, 나는 다른 사람과 다른 양상의 피부로 좀처럼 개선되지 않았다. 기미는 자외선뿐 아니라 유전과도 깊은 관련이 있다. 기미로 항상 고민하고 있는 나를 보며 우리 엄마는 "갱년기가 오고 완경을 맞으면, 기미는 없어질 거야. 내가 그랬어. 너도 나 닮았으니 기미 걱정하지 마."라고 말했다. 미백 성분이 있는 화장품과 자외선 차단제를 꼼꼼히 바르면서, 매일 해오던 기미에 대한 고민들이 조금씩 풀리는 듯했다. '아, 나의 기미는 유전이었던 거야? 음, 완경이 오면, 기분 좋게 받아들일 준비를 하자.'

그래서 나는 눈에 가시 같았던 기미를 없애는 데 더 이상 연연하지 않고, 기존의 미백 관리를 열심히 하며 어떻게 하면 피부를 더 맑고 투명하게 관리하는지에 대해서 연구하기 시작했다. 실제 메이크업을 하면 사람들은 내 눈 아래에 있는 기미를 잘 보지 못하고, 이마의 물광을 먼저 알아차린다. 나처럼 유전적인 고민은 해봤자 스트레스만 쌓인다. 혹시 기미가 스트레스에 의해서 더 생길 수 있다는 것을 알고 있는가?

미백 성분과 미백 화장품

표피의 맨 아래층인 기저층에는 멜라닌(피부 색소)를 만드는 세포, 멜라노사이트가 존재한다. 피부가 자외선에 의해 자극을 받으면 '티로시나아제' 라고 불리는 효소가 멜라노사이트 안에 있는 단백질인 티로신을 산화시킨다. 산화된 티로신은 멜라닌을 만들고, 이 멜라닌이 각질층으로 올라오면 피부가 검게 보이는데, 일반적으로 그냥 햇볕에 피부가 탄 경우에는 시간이 지나면 피부가 다시 원래 피부색으로 돌아온다. 기저층에 존재하는 각질 형성 세포가 턴-오버turn over를 통해서 잘 올라오면, 피부가 원래대로 돌아오는 것은 시간이 해결해준다. 그러나 여러 가지 원인으로 각질 형성 세포가 올라오지 못하고, 피부 속에 잔존하는 경우에는 칙칙한 피부로 남아 우리에게 피부 고민을 안겨준다. 사실 미백에 관련하여 의약품에 사용되는 성분인 하이드로퀴논은 50여 년 전부터 사용되는 대표적인 기미 치료 성분이다. 티로시나아제의 활성을 방해하여 멜라닌 색소의 생성을 억제하는 효과가 있지만, 여러 가지 부작용(접촉피부염, 홍반, 구강 건조증 등)으로 인해 의약품의 성분으로만 사용되고 있다.

일단 화장품에 미백 성분이 포함된다는 것은 피부에 부작용이 없다는 것, 즉 피부에 작용하는 효과 또한 경미하다는 뜻이다. 기미, 주근깨를 없애주지는 못하지만 옅여진 듯한 느낌 같은 느낌을 가져다주게 된다. 그러므로 미백 화장품만으로 백옥같이 하얀 피부를 만든다? 현실적으로 불가능하다. 그러니 너무 기대하지 않는 것이 좋다.

그럼에도 불구하고, 왜 사용하는가 묻는다면 이유는 말할 수 있다. '계속 칙칙한 피부로 사는 것보다는 조금이라도 밝은 피부가 더 낫지 않겠나?' 하는 것이 내 생각이다. 그래서 나도 아침저녁으로 미백 성분이 든 화장품을 열심히 바르고 있다. 독자의 희망과 기대의 싹을 자르는 것 같아 미안하지만, 사실이다. 그렇다고 진한 주근깨, 띠처럼 늘어선 기미를 그냥 보고만 있을 수는 없다. 이로 인해서 심각한 고민이 된다면, 사람에 따라 효과를 볼 수 있는 방법이 있다. 경제적 여유와 피부과 시술 받을 시간 확보 등으로 어느 정도 해결할 수 있다. 결과는 사람마다, 피부마다 다를 수 있지만 호전되는 경우가 다수다.

우리나라 화장품법에서는 미백 기능성 화장품으로 인증받을 수 있는 9가지 원료와 함량을 고시하고 있으며, 화장품에 사용하고 보고하는 경우, 미백 기능성 화장품으로 인증하고 있다. 고시 원료는 다음과 같다.

미백 화장품 고시 원료

종류	작용	함량
닥나무 추출물	티로시나아제 활성 저해	2%
알부틴	티로시나아제의 활성 저해, 멜라닌 색소 생성 억제	2~5%
에칠아스코빌에텔	티로신이 멜라닌 산화 억제	1~2%
유용성 감초 추출물	티로시나아제 활성 저해	0.05%
아스코빌글루코사이드	티로신이 멜라닌으로 산화 억제	2%
마그네슘아스코빌포스페이트	티로신이 멜라닌으로 산화 억제	3%
나이아신아마이드	멜라닌 세포의 각질 형성 세포 전이 방해	2~5%
알파-비사보롤	티로시나아제 활성 저해	0.5%
아스코빌테트라이소팔미테이트	티로신이 멜라닌으로 산화 억제	2%

닥나무 추출물과 알부틴, 알파-비사보롤, 유용성 감초 추출물은 멜라닌을 만드는 데 관련된 효소인 티로시나아제가 활성화되는 것을 막는다. 아스코빌글루코사이드와 에칠아스코빌에텔, 아스코빌테트라이소팔미테이트는 티로시나아제 효소에 자극받은 티로신이 산화되는 것을 막아준다. 최근 미백 원료의 대세로 자리 잡은 나이아신아마이드는 이미 생성된 멜라닌이 멜라노사이트에서 각질 형성 세포로 넘어가는 단계를 방해한다. 멜라닌이 실제 피부 세포에 들어가는 마지막 단계를 막는 셈이다.

피부 미백과 항산화 작용이 있는 비타민 C는 산화에 불안정하기 때문에, 미백 화장품 고시 원료에는 비타민 C의 산화 불안정을 보완한 비타민 C 유도체(아스코빌글루코사이드와 에칠아스코빌에텔, 아스코빌테트라이소팔미테이트)들이 포함된다.

고시 원료에는 포함되지 않지만, 미백에 효과가 있는 원료로 트라넥사믹애시드가 있다. 피부 표피의 최하층에 기저층이 존재하는데, 기저층과 진피 사이 경계면에 기저막이 존재한다. 기저막이 단단히 유지되어야 하나 자외선 손상에 의해 플라즈민이라는 효소가 활성화되고, 때문에 기저막이 깨지는 경우가 발생한다. 한편, 각질층으로 못가고 떨어진 멜라닌이 깨진 기저막 사이를 통해 진피층까지 떨어져 기미가 생기게 된다. 이때 트라넥사믹애시드는 플라즈민의 효소를 방해하여 기저막을 잘 유지되도록 돕는다. 2014년 의학 연구 저널의 연구에 의하면, 트라넥사믹애시드 5% 함유된 화장품과 하이드로퀴논 4% 제품을 12주간 피부에 동시에 사용했을 때, 모두 기미가 호전되었다는 연구 결과가 있었다. 미백 성분 원리 설명이 너무 복잡한가? 모두 이해할 필요는 없다. 다음의 결론만 이해하고 있어도 된다. 하이드로퀴논 화장품은 피부에 부작용이 있었지만, 반면에 트라넥사믹애시드는 부작용 없이 기미 호전 효과가 있어서, 미백 원료는 아니지만, 다른 미백 원료와 함께 사용했을 때 피부 미백에 시너지 효과를 볼 수 있다.

이처럼 일단 생긴 색소 침착은 미백 화장품을 열심히 사용해서 피부를 관리한다고 해도 100% 색소가 사라진다는 보장이 없다. 유전이나 호르몬은 어쩔 수 없다고 해도, 자외선으로 인한 색소 침착은 가장 첫 번째 단계, 티로시나아제가 활성하기 전에 막을 수 있다. 자외선 차단제를 오늘부터 열심히 바르기!

초간단 미백 화장품 만들기

위에서 살펴본 바와 같이 기능성 미백 화장품 성분은 원료명과 함량이 고시되어 있기 때문에, 현재 미백화장품을 사용하고 있지 않더라도 사용하고 있는 화장품에 이 미백 성분을 혼합하면 나만의 미백 기능성 화장품을 만들어 사용할 수 있다. 9가지 성분 중에서 특히 나이아신아마이드은 수용성 분말 형태이고, 가격도 저렴하여 활용하기 간편하다. 작용 메커니즘이 다른 원료를 서로 혼합하여 사용하면 시너지 효과를 낼 수 있다.

화이트닝 스킨

사용하고 있는 스킨에 나이아신아마이드, 알부틴을 혼합함으로써, 나만의 미백 기능성 화장품을 만들 수 있다.

구분	원료명	중량(g)	역할
베이스	사용 중인 스킨	94	수분 공급
첨가물	나이아신아마이드	3	멜라닌 세포의 각질 형성 세포의 전이 방해
	알부틴	3	티로시나아제 활성 저해
	합 계	100	

| 만드는 방법

① 비커 1에 첨가물, 나이아신마아이드와 알부틴을 계량한다.

② 비커 2에 베이스, 사용 중인 스킨을 계량한다.

③ 비커 1에 비커 2의 베이스를 조금씩 넣으면서 분말을 녹인다.

④ 비어있는 스킨 용기에 혼합한 내용물을 넣어 사용한다.

사용 팁

- 미백 성분이 포함되어 있으므로, 1회보다는 여러 번 레이어링하여 바르는 것이 좋다.
- 위 미백 원료는 분말이므로, 수용성 베이스에 녹이는 것을 추천한다. (로션, 크림 제형 비추천)

실온에서 3개월 이내 사용 가능

화이트닝 에센스

사용하고 있는 보습 에센스(묽은 제형)에 나이아신아마이드, 트라넥사믹애시드를 혼합함으로써 화이트닝 에센스를 만들 수 있다.

구분	원료명	중량(g)	역할
베이스	사용 중인 보습 에센스 (수분이 많은 제형)	46	수분 공급
첨가물	나이아신아마이드	2	멜라닌 세포의 각질 형성 세포의 전이 방해
	트라넥사믹애시드	2	기저막 유지에 도움
	합 계	50	

| 만드는 방법

- 비커 1에 첨가물, 나이아신마아이드와 트라넥사믹애시드를 계량하고
- 비커 2에 베이스, 사용 중인 보습 에센스를 계량한다.
- 비커 1에 비커 2의 베이스를 조금씩 넣으면서 분말을 녹인다.
- 비어있는 에센스 용기에 혼합한 내용물을 다시 넣고, 사용한다.

* 에센스가 수분이 많은 제형이어야 분말이 다 녹을 수 있고, 한 번에 녹지 않으면, 용기에 넣고 뚜껑을 닫은 다음, 여러 번 흔들어 주면 된다.

실온에서 3개월 이내 사용 가능

7장

데일리 스킨 케어 ①
안티에이징

노화된 피부는 건조하고, 턴오버가 주기적으로 이루어지지 못해 칙칙하고, 콜라겐과 엘라스틴의 기능이 저하되어 주름이 있다. 노화 예방 화장품은 이를 방지해주는 3가지 기능 즉 보습, 미백, 주름 개선 기능을 가지고 있다.

피부의 노화를 늦추는 방법

한 살이라도 어려 보이게 만드는 동안 관리 어떻게 하면 좋을까? 지금까지 나는 피부와 건강의 상관 관계에 대해서 여러 번 언급했다. 건강과의 관계를 토대로 내가 생각하는 방법을 중요한 순서대로 나열해보겠다. 제시하는 방법들에 앞서 무조건 영순위는 건강 관리라는 것도 잊지 말자.

사계절 보습 철통 방어

겨울이 되면 우리의 피부는 바깥 공기 때문에 더욱 건조하게 느낀다. 피부가 건조해진다는 것, 몸이 건조해진다는 것은 바로 노화의 시작이다. 젊었을 때는 지성 피부였는데, 나이 들며 건성 피부가 되었다는 사람들이 많다. 노화는 사람이라면 누구나 겪는 현상이므로 아무도 비껴갈 수 없다. 나이가 들면 세포 분열 능력이 저하되고, 세포 대사 활동이 점점 감소한다. 활성 산소가 증가하며 피부의 탄력이 떨어지고, 면역력을 비롯 각종 보호 기능이 저하되어 피부가 노화된다. 피부에서 산화가 일어나면, 섬유아세포(진피)가 공격을 받게 된다. 그곳에는 콜라겐, 엘라스틴 같이 피부의 탄력을 유지하는 것들이 있다. 콜라겐과 엘라스틴이 손상된 피부는 우리에게 주름이라는 불청객을 데리고 온다. 피부 노화의 가장 큰 특징은 피부의 수분량이 팍! 팍! 낮아진다는 것이다. 지성 피부가 건성 피부로 바뀐 것은 노화로 인해 건성화되었다고 할 수 있다. 노화 방지에는 보습 관리가 필수라는 걸 알 수 있다. 이는 수분과 유분을 적절히 버무려서 피부에 붙어있게 해줘야 한다는 말이다.

먼저 스킨이나 에센스를 여러 번 레이어링 하여 충분히 발라주고, 이후에 로션 또는 크림을 발라 수분이 밖으로 새어나가지 못하도록 막을 형성해 준다. 로션이나 크림에도 수성 성분이 들어 있기 때문에, 이것만으로 부족하다 생각되면 페이셜 오일로 강력한 오일 장벽을 쳐주면 된다.

가끔 어떤 화장품 전문가들은 매스컴이나 책을 통해서 '화장품이 피부를 더 망가뜨릴 수 있으니 최소한만 바르라'고 하는데, 그건 나이가 어린 친구들, 아직도 콜라겐과 엘라스틴의 활동이 왕성한 나이대의 사람들에게만 해당한다. 이미 30대를 넘어섰고, 간단하게 로션만 발랐을 때 건조한 느낌이 계속 든다면 4계절 내내 보습 관리에 최선을 다하라는 신호다.

왜 4계절 내내일까? 여름은 덥고 습하니까 화장품을 적게 발라도 되지 않을까? 우리는 여름에 에어컨을 사용하지 않으면 일상을 유지하기 힘든 세상에 살고 있다. 여름이라도 우리의 피부는 완연한 여름을 경험하지 못한다. 하루에도 몇 번씩 4계절을 왔다갔다 한다. 그러니 여름에도 겨울만큼은 아니겠지만, 건조한 환경에 노출되는 셈이므로 보습 관리를 충분히 해줘야 한다. 에어컨의 찬바람이 우리 피부의 수분을 가져가지 못하도록 크림을 얇게라도 발라 오일 장벽을 쳐주는 것이 좋다. 기억하라! 피부가 건조한 느낌이 들면 절대 안 된다. 건조함은 노화의 지름길이다. 항상 피부를 촉촉하게 유지하는 것은 우리 일상의 과제다.

자외선 차단제는 필수품

자외선은 자연스러운 신체 노화를 제외하고 피부를 노화로 주름지게 하는 첫 번째 원인이다. 자외선은 피부의 콜라겐과 엘라스틴을 손상시키고, 주름, 기미 또는 색소 침착을 유발한다. 자외선이 강한 4~6월은 물론, 일년 365일 매일 내리쬐고 있다. (흐리고 구름 낀날도 방심하지 말라. 자외선은 구름을 뚫고 우리에게 다가오니까.) 자외선 차단제는 4~6월에는 좀 더 열심히 바르고, 나머지 계절에도 꾸준히 챙겨 발라야 한다. 자외선에 의해 피부가 탈 경우, 멜라닌이 각질 형성 세포를 통해 피부 표면의 각질로 올라와 탈락되고 나면 다시 하얘진다. 즉 시간이 해결해준다. 문제는 자연적인 노화 현상을 통해서 각질 탈락이라는 피부의 턴오버 주기가 길어지게 되고, 멜라닌 세포가 올라가지 못하고 진피에 잔존하게 되는 경우다. 이 경우 피부 톤이 칙칙해진다. 칙칙한 피부 역시 노화의 징후 중 하나다. 좀 더 젊고 건강하며 밝은 피부를 원한다면 자외선 차단제를 꼼꼼하게 챙겨 바르고, 아예 휴대하면서 바르는 게 좋다. 요즘은 메이크업 제품에도 자외선 차단 성분이 들어있는 것이 많아서 일상 생활에서는 낮에 메이크업 수정만 해도 자외선 차단제를 덧바른 효과가 있다. 계속 야외 활동을 해야 하는 경우라면, 수시로 자외선 차단제를 덧발라 맨 피부가 자외선에 노출되지 않도록 하는 것이 좋다.

피부는 항상 시원하게

일반적인 피부 온도는 정상 체온보다 낮은 31℃ 정도다. 하지만 더운 여름 직사광선을 바로 쬐게 되면, 피부의 온도는 금세 올라가 40℃까지 올라가기도 한다. 서울대 의대 피부과학연구팀과 아모레퍼시픽의 공동 연구에 의하면, 피부 온도가 41℃ 이상으로 높아지면 단백질 분해 효소인 MMP(기질 단백질 분해 효소)가 생성된다. 이로 인해 콜라겐이 줄어들고 진피층이 손상되어, 피부 탄력이 떨어지고 주름이 더 생긴다. 혈관이 확장되어 홍조 현상이 심해지기도 한다. 열은 피부의 진액(혈액을 제외한 액상 성분)을 마르게 하여 피부를 건조하게 만들고, 노화를 촉진한다.

사우나나 찜질방이 피로 회복에 있어 최고의 방법이라며 애용하는 사람들은 이런 연구를 눈여겨볼 필요가 있다. 서울대 의대 피부과학교실 노화전문 정진호 교수는 "햇빛으로 인한 노화의 80%는 자외선, 20%는 열에 의해 발생한다"고 말한다. 그러므로 열에 의해 자극받은 피부는 바로 식혀주는 것이 좋은데, 자외선에 노출되었다면 쿨링 마사지나 차가운 마스크 시트팩을 사용하는 것이 좋고, 뜨거운 사우나를 했을 경우에도 마지막에 차가운 물로 열을 식혀 피부열을 낮춰주거나, 마지막에 차가운 마스크 시트팩을 해주는 것이 좋다.

피부가 좋아하는 음식 챙기기

'건강한 피부는 건강한 신체에서 시작한다'라는 말은 이 책을 시작하면서 계속 강조해왔다. 피부의 구조에서 알아보았듯 진피는 혈관을 통해 우리 몸에 흡수된 영양분으로 콜라겐도 생성하고, 엘라스틴도 만들어낸다. 힘이 없어 비실거리는 사람을 두고 "사흘에 피죽 한 그릇도 못 얻어먹은 사람 같다"고 한다. 여기서 피는 벼논에서 함께 자라나는 볏과의 한해살이 풀로, 요즘에는 논에 이것이 있으면 거추장스러워 뽑아낸다고 한다. 못 먹고 살던 시절, 우리의 조상들이 사용했던 속담이다. 아무튼 여기서 말하고자 함은 피죽이라도 못 먹으면 힘이 없고, 건강 상태가 좋지 않아 보인다는 것이다. 하찮은 음식도 못 먹고 있는데, 피부에 광이 나며 반짝거리는 사람이 있을까? 피부가 예뻐지려면 잘 먹어야 한다. 피부에 좋은 양질의 음식을 먹어야 한다. 특히 필수 지방산, 비타민, 무기질이 결핍되면 피부 건강 상태에 영향을 미치는 것으로 알려져 있다.

먹는 것이 곧 아름다움을 만드는, 이너 뷰티 Inner Beauty

비타민 C로 늙어가는 피부와 몸을 붙잡아보자!

비타민 C는 대부분 수용성으로 물에 잘 용해되기 때문에 지용성 비타민에 비해 체외로 쉽게 배설된다. 대부분의 동물들은 비타민 C를 포도당을 이용하여 합성할 수 있지만, 사람은 비타민 C 합성의 최종 단계에 필요한 효소가 없어 체내에서 만들 수 없다. 비타민 C는 식품을 통해서 섭취해야 하는데, 신선한 채소와 과일, 감귤류, 토마토, 풋고추, 딸기, 레몬, 파프리카, 키위, 브로콜리 등에 많이 들어있다. 비타민 C는 흔히 피부 노화 예방을 위한 강력한 항산화 기능과 과도한 색소 침착 치료에 도움이 된다. 또한 우리 몸의 콜라겐 합성과 유지에 도움을 주므로, 탄력 있는 피부를 만들어준다. New British 연구에서는 비타민 C를 충분히 첩취한 사람들이 매끈하고 촉촉한 어려보이는 피부를 가졌다고 발표했다.

(자료 출처: 삼성서울병원, 신체 부위별 안티에이징)

먹는 것이 곧 내 피부를 만든다!

- **녹차** 비타민 C를 포함 항산화 성분이 많다.
- **고구마** 베타카로틴이 풍부하게 들어있다. 베타카로틴은 피부 산성도에 균형을 맞춤으로써 피부가 건조해지는 것을 막는 데 도움을 준다. 또 피부의 각질 각화 현상을 개선시켜 매끈한 피부를 갖게 한다.
- **연어** 붉은 항산화제로 불리는 아스타잔틴이 들어있다. 이 성분은 세포막과 DNA에 손상을 주어 피부 노화를 일으키는 유해 산소를 퇴치하는 효능이 있다. 연구에 따르면 5일에 한 번씩 연어를 먹으면 피부암의 전구 질환으로 알려진 광선각화증을 예방할 수 있는 것으로 나타났다.
- **토마토** 토마토에 풍부한 라이코펜은 피부를 햇볕으로부터 보호하는 자외선 차단제와 같은 역할을 한다. 토마토를 올리브 오일과 함께 먹으면 라이코펜을 최대한 흡수할 수 있다.
- **감귤류** 오렌지, 레몬, 귤, 자몽 등 감귤류에는 콜라겐을 만드는 데 필수적인 비타민 C가 풍부하게 들어있다. 또 자외선으로부터 피부를 보호하고 세포가 죽는 것을 방지하는 바이오플라보노이드 성분도 들어있다.

충분한 수면 시간 확보

'미인은 잠꾸러기'라는 말을 우리는 피부 관리에 있어 격언처럼 사용하고 있다. 어렴풋이 TV광고에서 보았던 기억이 있어 자료를 찾아보니, 1990년 '에바스'라는 브랜드 화장품 광고였다. 설정이 재미있다. 이미연 배우가 시골길 한 가운데 차를 대고 잠시 낮잠을 자면서 시작된다. 뒤에 있던 트럭의 기사는 앞차가 움직이지 않자 화가 나 트럭에서 내려 앞차로 간다. 창문을 똑똑똑, 거칠게 두드리는데 자고 있던 운전자(이미연 배우)의 얼굴을 보자, 화를 내기는 커녕 환하게 웃으며 "아~ 미인이시군요." 하고 감탄한다. 그리고 '미인은 잠꾸러기'라는 카피가 나오고, 잠에서 깨어난 이미연 배우는 웃으며 차를 몰고 사라진다. 참 그러고 보면 예쁘고 볼 일이다.

실제로 잠을 푹 자고 난 사람이 그렇지 못한 사람보다 피부가 더 좋아보이는 것은 누구나 다 알고 있다. 그러나 할 일이 많은 현대 사회에서 피부 미인이 되기 위해서 잠을 많이 자라는 조언은 실천하기가 쉽지 않다. 그럼에도 불구하고 많은 연구 논문에서 충분한 수면은 노화의 속도와 상관 관계를

나타내고 있다. 2013년 미국 케이스 웨스턴 리저브대학 의대 엘마 배런 부교수 연구팀과 에스티 로더 공동 연구에 의하면, 수면의 질이 낮은 사람은 피부 노화의 징후를 보이고, 자외선이나 외부 환경의 스트레스로부터 회복이 느린 것으로 나타났다. 피부가 수분 손실에 대항하는 효과적인 장벽 역할을 하는지 알아보기 위해 진행된 경피 수분 손실 테스트(TEWL)가 있었다. 피부 자극 요인을 주고 72시간 뒤에 관찰해보니, 숙면을 취한 사람은 그렇지 못한 사람에 비해 회복력이 30% 이상 높다는 것을 알 수 있었다. 또한 자외선에 노출된 지 24시간 후에 숙면자들은 홍반으로부터 훨씬 나은 회복력을 보였다. 자는 동안, 우리 몸은 자체적인 충전을 통해 회복력을 끌어올리고 있는 것이다. 2022년 슬립 테크 건강 세미나에서 발표한 충남대병원 피부과 김현정 교수는 "만성적인 수면 박탈은 햇볕에 의한 피부 손상에서 피부가 회복되는 것을 지연시킨다. 실제로 수면을 4시간으로 제한했을 때 피부 장벽 회복 속도가 4분의 1 수준으로 떨어졌고, 피부 수분량이 16% 줄어들었다. 또한 피부가 울긋불긋해지고 특히 피부 탄력도에 큰 영향이 있는 것으로 나타났다."고 설명했다. 고백하건데 나도 매일 바쁘게 살다 보니 나도 수면 시간을 적절하게 확보하지 못하고 있다. 다른 사람 피부는 예뻐지게 하려고 애쓰면서 정작 내 피부는 회복 충전 시간을 갖지 못해, 점점 노화되어 가고 있다. 이것은 궁극적으로 내가 원하는 것은 아니다. 나도 라이프스타일을 이제 바꿔야 할 시점이다. 여러분은 어떤가? 피부 노화를 지연시키고 싶은가? 우리 함께 노력하자. 충분하고도 양질의 수면 시간을 갖도록.

충분한 수분 섭취

물을 마신다는 것은 얼굴 피부에 수분을 공급하거나 보습하는 것과 또 다른 차원이다. 수분은 우리 몸을 유지하는 데 아주 중요한 역할을 한다. 지진 피해 현장의 건물 잔해 더미 안에서 빗물로 며칠을 견디다가 극적으로 구조되는 사람들이 있다. 인간의 몸은 약 60%의 수분으로 이루어져 있고 물이 체온을 조절하고 신진대사를 촉진한다. 빗물만 먹고도 견딜 수 있었던 것은 수분의 힘이라고 할 수 있다. 수분이 부족하면 피부가 건조해지고 주름이 생긴다. 면역력을 높이고 염증을 예방하는 데 도움이 된다. 그래서 하루에 필요한 수분을 충분히 섭취하는 것이 좋다. 사람에 따라 다르지만 전문가들은 보통 하루에 1.5~2리터의 물 섭취를 권장한다. 물뿐 아니라 과일, 채소에서 수분을 보충할 수 있다. 현대인의 기호 음료인 커피를 즐겨 마신다면 물은 권장량의 2배 이상 마시는 것이 좋다. 커피에 함유된 카페인이 이뇨 작용을 촉진하기 때문에 커피를 많이 마시면 소변을 자주 배출하게 되고, 이는 수분 부족을 일으켜 피부가 더욱 거칠어질 수 있다.

주름 개선 성분과 노화 예방 화장품

우리 사회는 노화되고 있다. 대한민국은 2025년이 되면 65세 이상 노인의 비율이 20%를 넘는 초고령 사회가 된다. 사회의 일원으로 소통하며 당당하게 살아가려면, 어떻게 해야 할까? 나이를 가늠할 수 없는 건강한 신체와 동안 피부는 지금 우리 사회의 능력이자 경쟁력이 되고 있다.

노화된 피부는 건조하고, 턴오버가 주기적으로 이루어지지 못해 칙칙하고, 콜라겐과 엘라스틴의 기능이 저하되어 주름이 있다. 노화 예방 화장품은 이를 방지해주는 3가지 기능, 즉 보습, 미백, 주름 개선 기능을 가지고 있다. 일반적으로 노화 예방 관련 화장품은 20대 나이에는 사용할 필요가 없고, 30대부터 사용하면 된다고 하지만 20대일지라도 많이 건조한 피부일 경우 사용하면 좋다.

주름 개선 기능성 화장품은 미백 기능성 화장품과 마찬가지로, 화장품법에서 주름 개선 화장품으로 인증받을 수 있는 4가지 원료와 함량을 고시하고 있다. 해당 화장품 원료를 사용하고 보고하면 주름 개선 기능성 화장품으로 인증받는다. 고시 원료는 다음과 같다.

주름 개선 기능성 화장품의 주요 성분

성분명	함량
레티놀	2,500 IU/g
레티닐팔미테이트	10,000 IU/g
아데노신	0.04%
폴리에톡실레이티드레틴아마이드	0.05-0.2%

위 성분 중 레티놀, 레티닐팔미테이트, 아데노신, 폴리에톡실레이티드레틴아마이드는 비타민 A의 유도체로 각화를 정상화하고 상피세포의 분화를 촉진하여 주름을 개선한다. 그러나 과용할 경우 피부에 따라 자극이 될 수 있다. 피부과에서 처방받는 비타민 A 연고보다 약한 버전인 주름 개선 화장

품이라고 할 수 있다. 하나씩 살펴보자.

레티놀은 주름 개선 치료 의약품 성분, 트레티노인과 유사한 구조와 기능을 가진다. 트레티노인에 비해 효과는 떨어지지만 자극이 적어 화장품 성분으로 사용하고 있다. 불안정한 형태로 빛이나 열 등에 약해 비활성 상태로 분해된다. 그러므로 레티놀은 빛을 받지 않는 밤에만 바르는 것이 효과적이다.

레티놀의 단점을 보완한 **레티닐팔미테이트**는 레티놀에 팔미트산[Palmitic Acid]이 결합된 형태로 비교적 안정화되어 있지만, 효과가 미미해 수치상 레티놀의 4배를 사용해야 한다. **폴리에톡실레이티드레틴아마이드**는 레티놀에 폴리에틸렌글리콜을 결합시킨 형태로 높은 침투율과 안정성을 가지고 있다.

아데노신은 모든 생물체에 존재하는 물질로 빛에 불안정한 문제에서 자유롭고, 세포의 대사를 조절하는 중요한 물질이다. 세포 내 아데노신 수용체와 결합하여 콜라겐 형성 촉진, 내피 피부 증식, 항염 작용 등을 통하여 주름을 완화한다. 아데노신 원료는 미백 화장품과 콜라보하여 보통 2중 기능성 화장품의 주된 원료로 사용된다.

주름, 미백 2중 기능성 화장품 성분

성분별	해당 제형
알부틴 + 아데노신	로션제, 액제, 크림제 및 침적 마스크
나이아신아마이드 + 아데노신	로션제, 액제, 크림제 및 침적 마스크
유용성 감초 추출물 +아데노신	로션제, 액제, 크림제
아스코빌글루코사이드 + 아데노신	액제

기능성 화장품을 사용하려면 별도의 기능이 있는 화장품을 사용해도 되지만 사용하는 화장품 개수를 줄이려면 2중 기능성 조합을 추천한다. 단, 레티놀 계통 원료들은 빛과 열에 불안정하기 때문에 콜라보 형태로 나오지 않으니 레티놀 외 2가지 주름 개선 성분이 함유된 주름 개선 기능성 화장품을 사용하려면 따로 사용해야 한다.

이 밖에도 최근에는 피부에 흡수를 용이하게 하는 아주 작은 화장품 입자 리포솜Liposome기술을 적용하거나, 마이크로바이옴, 줄기세포 배양액, 세포 성장 인자, 적포도, 홍삼 등을 노화 예방, 즉 주름을 개선하기 위한 성분으로 많이 사용하고 있다.

쏙쏙 정보 안티에이징에 도움 되는 성분

- **이데베논** 미국 피부 학회로부터 1등급을 받은 항산화 성분, 비타민 C, 비타민 E, 코엔자임 Q10보다 우수한 효과
- **코엔자임 Q10** 활성 산소를 제거하는 강력한 항산화제, 피부 탄력을 개선하고 피부 손상과 노화를 예방
- **캐비아 추출물** 항산화 성분은 활성 산소와 산화 스트레스로부터 피부를 보호, 조직 손상 방지
- **세리신(실크 폴리머)** 피부의 활성 산소를 중화, 피부 손상 예방, 피부의 색소 침착과 주름, 탄력 개선
- **흑미 추출물** 비타민E가 풍부, 백미의 5배 이상의 비타민, 셀레늄, 아연 등 미네랄 함유
- **사포닌** 인삼 속 성분으로, 노화를 막고, 주름 개선 효과
- **꿀** 단백질 필라그린 합성으로 피부 장벽 강화, 보습, 미백 효과
- **세포 성장 인자** 세포 분화와 조직 재생에 중요한 역할 (EGF, FGF, IGF등)
- **펩타이드** 아미노산이 2개 이상 결합된 것으로 단백질의 하위 개념, 피부 재생과 피부 탄력에 관여

화장품 원료로 안티에이징 실천하기

홈 케어 피부 관리 시, 자신이 사용하고 있는 화장품에 안티에이징 성분의 원료를 섞어서 나만의 안티에이징 기능성 화장품으로 사용할 수 있다.

앞서 설명했듯이 미백 화장품이나 주름 개선 화장품의 기능성 원료를 별도로 구입하여, 사용하고 있는 화장품에 권장량을 섞어서 사용하는 방법이다. 안티에이징을 위한 여러 가지 원료가 있으니, 각자의 피부 고민에 맞는 원료를 선택할 수 있다.

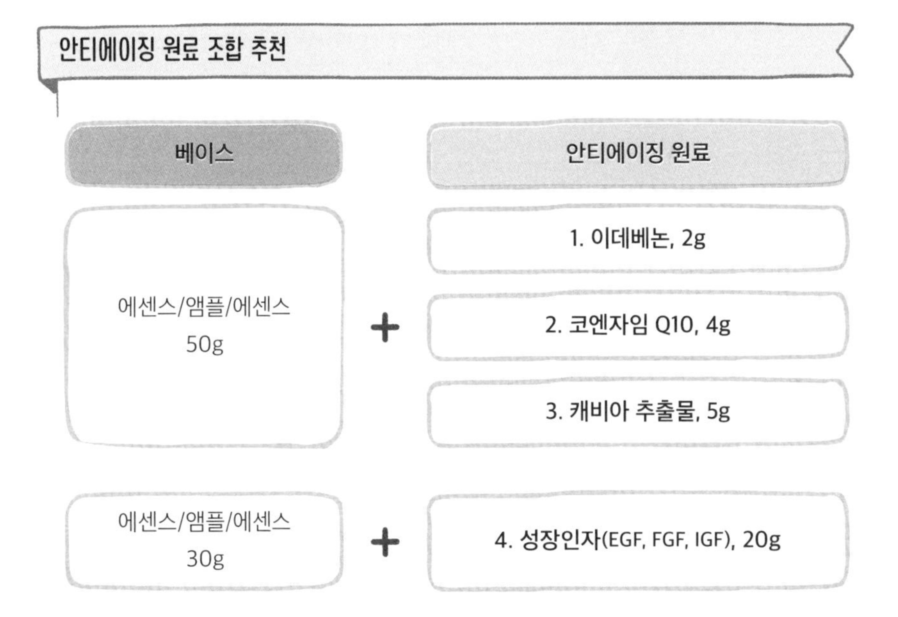

초간단 브라이트닝 & 안티에이징 앰플 만들기

사용하고 있는 보습 에센스(묽은 제형)에 나이아신아마이드, 성장 인자 펩타이드를 혼합하여 브라이트닝 & 안티에이징 앰플을 만들 수 있다.

구분	원료명	중량(g)	역할
베이스	EGF(상피세포 성장 인자) 10ppm	10	피부 장벽 강화
	FGF(섬유아세포 성장 인자) 10ppm	10	주름 예방, 손상된 진피개선, 피부 보호 및 강화
	IGF(인슐린유사 성장 인자) 10ppm	10	성장 인자들과 연합하여 피부 세포의 성장과 분열
	아세틸헥사펩타이드-8	10	피부의 콜라겐이나 엘라스틴의 손상 억제
	팔미토일펜타펩타이드-4	10	콜라겐의 합성
첨가물	나이아신아마이드	3	미백, 화이트닝
	합 계	53	

| 만드는 방법

① 비커 1에 베이스를 계량하고 잘 젓는다.

② 비커 2에 첨가물을 계량하고 베이스 1을 조금씩 넣으면서 분말을 녹인다.

③ 소독한 용기에 혼합한 내용물을 다시 넣고, 레이블링한다.

사용 팁

1. 사용하고 있는 에센스에 3~4방울씩 떨어뜨려 함께 사용
2. 단독으로 에센스 사용 전에 1~2회 고루 펼쳐 바르기
3. 미용기기 또는 팩의 베이스 앰플로 사용

주의 사항

1. 수용성 원료이므로 이 앰플을 사용 후에는 로션, 크림, 오일 등을 사용해서 수분 증발을 차단하는 것이 좋다.
2. 펩타이드 성분이 다량 함유되어 냉장 보관하여 개봉 후 한 달 이내 사용 권장

동안 피부의 기본인 자외선 차단제

자외선 차단제 사용의 중요성

많은 연구에 의하면 지속적인 흐린 날씨는 사람들의 감정에 영향을 미친다고 한다. 반대로 맑고 화창한 날씨는 사람들을 활기차게 만든다. 그래서 우리는 햇빛을 온몸으로 받으면 좋다. 사람뿐 아니라 대부분의 생명체는 햇빛이 필요하다. 자외선은 살균과 소독 작용을 하므로 지금처럼 세탁건조기가 대중화되지 않았던 예전에는 햇볕 좋은 날, 밖에서 이불을 말리는 가정이 많았고, 우리네 할머니들은 간장, 된장, 고추장 항아리 뚜껑을 열어 햇빛에 노출하면서 장에 곰팡이가 피지 않도록 했다. 사람에게 햇빛은 비타민 D 합성을 도와 뼈 건강과 면역을 강화하는 역할도 한다.

그러나 과다한 햇빛 노출은 오히려 피부 문제를 일으킬 수 있다. 햇빛이 강한 날 피부는 2~3시간만 노출되어도 붉어지고, 조금 더 지나면 검게 그을린다. 장시간 햇볕에 노출되면 염증과 따가운 증상을 동반하며 화상을 입을 수도 있기 때문에 주의해야 한다. 자외선 차단제는 햇빛의 나쁜 점을 예방할 수 있는 유용한 화장품이다. 요즘은 자외선이 노화의 주범이라는 인식이 늘어나면서 자외선 차단제 사용이 강조되고 있는데, 자외선이 어떻게 피부를 노화를 일으키는 걸까?

먼저, 자외선이 무엇인지 알아보자. 태양을 통해 나오는 빛은 가시광선, 자외선, 적외선 등 여러 가지 광선들이 섞여있다. 그중 자외선을 UV[Ultra Violet Ray]라고 하며, 파장의 길이에 따라 UVA, UVB, UVC로 나뉜다.

자외선의 종류와 특징

구분	UVA	UVB	UVC
파장	320~400nm	290~320nm	200~290nm
특징	오존층에 흡수 안 됨, 날씨에 상관없이 연중 일정하게 지표면 도달, 파장이 길어 유리창 통과, 피부 깊숙히 침투	일부 오존층에 흡수, 일부 도달 비타민D 합성 유리창 통과 불가	오존층에 흡수, 지표면까지 도달 못함
홍반 발생	약	강	
피부 투과	진피 하부	표피 기저층 또는 진피 상부	
피부 영향	주름, 색소 침착, 피부 그을림	일광 화상	오존층 파괴로 인해 지표면 도달 시 피부암 유발
차단 지수	PA	SPF	

UVA와 UVB는 우리의 일상 여기저기에 도달한다. UVB는 강도가 강해서 피부에 닿으면, 각질층에서 일부 반사되거나 산란된다. 노출 시간이 길어질수록 피부는 발갛게 되고, 심할 경우 염증이 생기고, 피부가 딱딱해지기도 한다. 햇빛에 화상을 입는 경우는 UVB 때문이다. 반면 UVA는 파장이 가장 길어 유리창을 통과, 광선이 피부 깊숙히 진피층까지 침투하여 콜라겐을 손상시킨다. 탄력을 떨어뜨리고, 주름을 발생시키는 외부 노화의 주범으로 꼽고 있다. 이 밖에도 자외선으로 인한 피부 문제는 여러 가지가 있다.

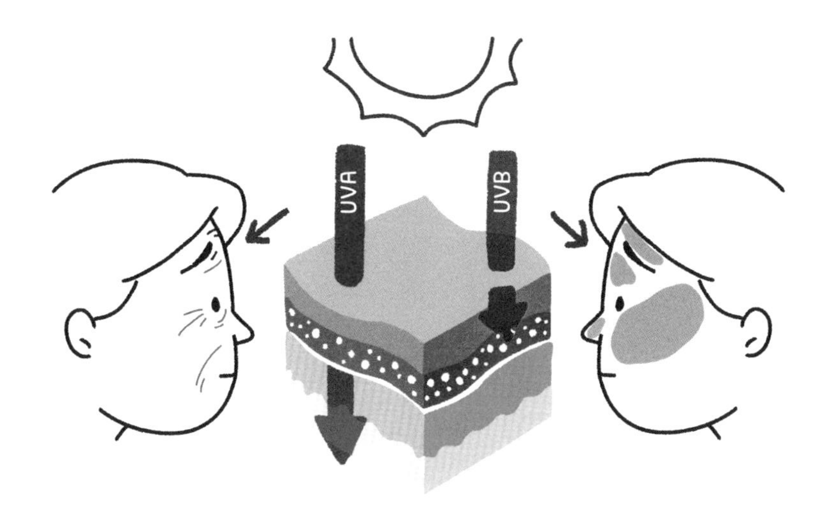

단기간에 자외선에 과도하게 노출되면, 화상으로 홍반, 열감, 통증, 수포, 표피 박리 등의 증상을 초래한다. 병원 치료 전에 재빨리 냉습포를 통해서 열감을 식혀주는 것이 필요하다. 또는 사람들에 따라 피부 발진이나 가려운 증상의 햇빛 알레르기가 생기기도 하므로 햇볕이 강한 날에는 반드시 자외선 차단에 신경을 쓰도록 한다.

자외선 차단 성분과 자외선 차단 화장품

자외선 차단 화장품의 성분은 크게 물리적 차단제와 화학적 차단제로 나뉜다. 피부에 필터 역할을 하는 자외선 차단막을 형성하여 자외선을 반사시키거나 피부에 흡수시킨 다음 화학 반응을 통해 적외선(열)으로 배출시킨다.

서로 다른 방식을 가진 자외선 차단제는 각각의 장단점을 가지고 있으므로, 피부 타입과 민감도 및 선호도에 따라 선택하여 사용할 수 있다. 피부가 예민하거나 민감한 피부는 화학적 차단제의 성분에 반응을 하는 경우가 있기 때문에 물리적 차단제 사용을 추천한다.

물리적 차단제

물리적 차단제의 필터 작용

물리적 차단제는 그림에서 보는 것과 같이 자외선을 반사, 산란시켜 차단한다. 무기 원료인 징크옥사이드와 티타늄디옥사이드가 대표적인 성분인데, 일종의 흰색 돌가루라고 이해하면 된다. 무기 원료를 사용한 자외선 차단제라는 의미로 화장품, 뷰티업계에서는 '무기자차'라는 용어를 자주 사용한다. 쉽게 말해 돌가루를 크림에 넣어서 잘 배합한 원리이므로 피부에 발랐을 때 하얗게 보이는 백탁 현상이 있다. 피부에 큰 자극을 주지 않기 때문에 민감하고, 예민한 피부가 사용하면 좋고, 돌가루가 피지를 일부 잡아 매트한 느낌을 주므로, 지성, 여드름 피부에 권장한다. 요즘에는 이 자외선 차단 성분을 아주 미세하게 쪼개어 유화함으로써 백탁 현상을 완화시킨 제품도 많이 출시되고 있다.

화학적 차단제

화학적 차단제는 유기적 차단제라고도 하는데, 그림에서 보는 것과 같이 자외선을 흡수하여 적외선 열로 방출하여 차단한다. 유기 원료를 사용한 자외선 차단제라는 의미로 화장품, 뷰티업계에서는 '유기자차'라고 불리운다.

UVB를 흡수하는 성분이 많으며, 피부에 발랐을 때 투명하고 발림성이 좋다. 피부에 흡수된 자외선을 열로 방출하는 과정에서 자극이 될 수 있으므로, 민감하지 않은 건강한 피부에 사용을 권장한다. 일부 제품은 눈시림 현상이 발생할 수 있어 눈이 민감하거나 약한 사람 역시 바를 때 주의하는 것이 좋다.

화학적 차단제의 필터 작용

혼합 차단제

혼합 차단제는 '혼합자차'라고도 한다. 물리적 차단제와 화학적 차단제를 혼합하여 자외선을 차단하는 것으로 무기자차, 유기자차의 장점을 동시에 가지고 있다. 무기자차에 비해 백탁이 덜해 피부 표현이 매끄럽고, 유기자차보다는 순해서 피부에 자극이 적다. 부자연스러운 백탁 대신 자연스러운 톤업 효과를 내게 된다.

식약처에는 자외선 차단 성분으로 사용할 수 있는 원료 30종과 배합 한도를 규정하여 관리하고 있다. 자외선 차단제는 자외선 차단 효과가 입증된 기능성 화장품이므로, 구매 시 제품 패키지에 '기능성 화장품'이라는 문구가 있는지 꼭 확인하도록 한다.

자외선 차단 성분의 분류

	차단 원리	제품 특징	사용 원료	권장 피부
물리적 차단제 (무기자차)	반사, 산란	• 피부 안전성이 높음 • 다량 사용 시 일부 백탁 현상과 약간의 매트한 느낌	이산화티탄, 산화아연	영유아 피부, 민감 피부, 지성 여드름 피부
화학적 차단제 (유기자차)	흡수, 소멸	• 민감한 피부에 일부 자극이 될 수 있음 • 투명한 사용감 • 일부 제품에 눈시림 있음	에칠에틸메톡시신나메이트, 옥토크렐린 등	건강한 피부
혼합자차	반사, 산란 + 흡수, 소멸	• 물리적, 화학적 차단제를 혼합하여 사용함으로써 차단 효과는 최대로 높이고, 피부 자극은 줄인 제품	혼합	건강한 피부

쏙쏙 정보 자외선 차단 지수

자외선을 얼마나 차단하는가에 대한 정도를 수치로 나타낸 것으로 SPF와 PA가 있다.

• **SPF(SPF, Sun Protection Factor)**

SPF 지수는 50까지 표시할 수 있고, 50 이상의 제품은 50+로 표시한다. 자외선 차단제를 바른 피부와 바르지 않은 피부가 UVB에 노출되었을 때 나타나는 피부의 최소 홍반 비율(MED, Minimum Erythema Dose)로 측정한다.

$$SPF = \frac{\text{제품을 바른 피부의 최소 홍반량 (MED)}}{\text{제품을 바르지 않은 피부의 최소 홍반량 (MED)}}$$

예를 들어, 어떤 사람이 A라는 자외선 차단제를 바르고 햇빛에 노출되었을 때 150분 만에 홍반이 나타나고, A 자외선 차단제를 바르지 않고 나갔을 때 15분 만에 피부에 홍반이 나타났다면, A라는 자외선 차단제의 SPF 지수는 10이다. 150/15 = SPF 10(보통, SPF 1 = UVB 15분)

그럼, 반대로 생각해보자. SPF 30의 자외선차단제를 바르고 나갔을 때, 몇 시간 동안 자외선 차단이 가능할까? 15분×30은 450분이므로 약 7.5시간이 유효하다고 볼 수 있다. 보통 시판되는 제품은 SPF 50+로 되어 있는데, 계산하면 약 12시간 동안 자외선 차단이 가능하다. 그러나 실제로는 손이나 머리카락이 피부에 닿거나, 땀도 흘려 발랐던 자외선 차단제 일부가 지워지기도 한다. 야외 활동을 하는 경우라면, SFP 지수는 더 높은 것이 필요하다. 낮 시간 야외에 있는 동안은 2회 이상 바르는 것이 좋다. 자외선의 강도가 센 곳에 있다면 더 자주 덧바르는 것을 추천한다.

- PA(Protection Factor of UVA)

UVA에 대한 차단 정도를 나타내는 지수로, 보통 PA+, PA++, PA+++로 표시한다. UVA 차단 제품을 바르지 않은 피부에 UVA를 노출시킨 후 나타나는 최소 지속형 즉시 흑화량(MPPD, Minimal Persistent Pigment Darkening Dose)의 비율로 측정한다.

$$PA = \frac{\text{제품을 바른 피부의 최소 지속형 즉시 흑화량 (MPPD)}}{\text{제품을 바르지 않은 피부의 최소 지속형 즉시 흑화량 (MPPD)}}$$

최소 지속형 즉시 흑화량은 UVA를 피부에 노출시킨 후 2~4시간 조사 영역에서 희미한 흑화가 인식되는 최소 자외선 조사량을 말한다.

PA 지수	2 이상~4 미만	4 이상~8 미만	8 이상~16 미만	16 이상
PA 등급	PA+	PA++	PA+++	PA++++
UVA 차단 효과	낮음	보통	높음	매우 높음

SPF 지수 표시는 대부분의 나라에서 비슷한 방식을 사용하지만 UVA 지수는 나라마다 차이가 있다. 한국, 일본, 중국은 PA와 +기호로 표시하고, 미국은 'Broad Spectrum'을 사용한다.

• **내수성 및 지속 내수성(water proof) 자외선 차단제**

일반적인 자외선 차단제는 여름철 바캉스 해변에서 물놀이를 할 때, 물에 씻겨 나가므로 효과가 떨어진다. 물에도 잘 지워지지 않도록 개발된 것이 내수성 자외선 차단제, 흔히 워터 프루프 기능을 가진 자외선 차단제다. 장시간 물놀이를 하는 경우에 지속 내수성 제품을 사용하고, 2시간마다 덧바르는 것을 권장한다. 자외선 차단제를 바르고 물에 20분간 입수한 후 15분 건조하고, 다시 20분간 입수한 후 15분을 건조했을 때 측정된 자외선 차단 지수가 50% 이상일 경우 일반 내수성 제품이라 한다. '지속 내수성' 워터 프루프 자외선 차단제는 이러한 방법을 4회 실시한 후 측정된 자외선 차단 지수가 50% 이상일 경우를 뜻한다.

자외선 차단제 제형별 특징

자외선 차단제의 제형에는 여러 가지가 있다. 식약처에서 인증한 기능성 자외선 차단제는 기능은 큰 차이가 없으나, 제형별 특징에 따라 자외선 차단 지속력에서 약간 차이가 있을 수 있다.

1. 선 로션과 선 크림

선 로션과 선 크림은 우리에게 가장 익숙한 제형이다. 선 로션이 선 크림보다 수성 성분의 함량이 많아 더 묽은 제형이다. 하지만 선 크림과 비슷하게 수성 성분과 유성 성분의 함량을 맞추고, 점도만 살짝 낮춘 선 로션도 있다. 선 로션과 선 크림은 약간의 끈적임이 있고, 브랜드에 따라 사용감과 발림성이 다르게 느껴질 수 있다. 또한 자외선 차단제 성분에 있어서도 무기 원료 사용이 용이하므로, 다른 제형에 비해서 무기자차 성분을 많이 함유할 수 있다. 민감하고 예민한 피부나 지성 피부를 가진 이들과 아이들에게는 이 제형을 추천한다.

2. 선 스틱

선 스틱은 오일과 자외선 차단 성분을 왁스로 굳혀놓은 밤 제형으로 물에 잘 지워지지 않는다. 단, 수분이 많이 들어 있다고 강조하는 선 스틱은 사용감이 가벼워 땀에 잘 지워질 수 있는데, 보통 어린이 선 스틱에서 많이 찾아볼 수 있다. 휴대하기 편리하여 언제 어디서나 덧바를 수 있고, 손에 묻히지 않아도 된다는 장점이 있다. 그러나 얼굴 전체에 편평하게 바르기 어려워서 구석구석 발리지 못한다는 단점이 있고, 투명한 선 스틱인 경우 유기자차 성분만으로 구성되어 있기 때문에, 민감한 피부에는 자극이 될 수 있다.

3. 선 스프레이

선 스프레이는 넓은 부위에 빠르게 사용할 수 있는 장점이 있지만, 크림이나 로션에 비해 충분한 사용량을 가늠하기 어렵다. 뿌리면서 피부에 닿는 양보다는 공기 중으로 사라지는 양도 상당하고, 얼굴에 뿌릴 때 흡입의 가능성이 있어서, 어린이들에게는 위험할 수 있으니 조심해서 사용해야 한다.

4. 선 쿠션

퍼프를 가진 선 쿠션은 자외선 차단제의 권장 사용량(1회에 500원 동전 크기)을 발라야 한다는 측면에서는 비효율적이다. 기초 화장품을 끝내고 바를 때, 선 스틱과 마찬가지로 얼굴 전체에 편평하게 바르기 어렵다. 처음에는 선 로션이나 선 크림을 사용한 후, 메이크업을 수정할 때 위에 덧바르는 용도로 사용하는 것을 추천한다.

피부에 맞는 자외선 차단제 선택 방법

일상에서 햇볕에 노출되는 경우는 다양하다. 자외선 차단제는 노출 시간, 자외선 강도, 활동의 종류를 고려해서 자신의 상황에 맞는 차단제를 선택하는 것이 좋다. 실내에서 주로 활동하는 경우에는 SPF30/PA++ 내외, 아침 저녁 출퇴근 이동 및 짧은 산책의 경우에는 SPF30/PA++ 이상, 외부 작업이나 등산 등 장시간 실외 활동은 SPF50/PA+++ 이상, 땀을 많이 흘리는 스포츠 경기, 야외 물놀이는 내수성 제품water-proof을 사용하는 것이 좋다.

활동의 종류	자외선 차단제 지수 추천
실내 활동(집안, 사무실)	SPF30/PA+ 내외
아침 저녁 이동, 및 간단한 실외 활동	SPF30/PA++ 이상
외부 작업 및 등산 등 장시간 실외 활동	SPF50/PA+++ 이상
땀을 많이 흘리는 스포츠 경기, 야외 물놀이	내수성 제품

자외선 차단제 선택에 있어서 또 다른 옵션은 본인의 피부 상태다. 자외선 차단제의 종류에 따라 피부의 자극도가 달라질 수 있으니, 민감한 피부

나 여드름, 지성 피부는 무기자차 성분의 자외선 차단제를 추천한다. 백탁 현상을 피하고 투명한 피부 표현을 원한다면 유기자차 성분의 차단제를 쓰고, 자외선 차단을 하면서 톤업 기능도 원한다면 혼합자차 제품으로 권장한다. 건성 피부는 크림이나 밤제형, 지성, 여드름, 지성 피부는 가벼운 로션 제형(브랜드에 따라 선 로션도 무거운 것이 있음)과 가벼운 크림 제형을 추천한다.

자외선 차단제 올바르게 사용하는 방법

① 365일, 매일 바른다.

흐리고 비 오는 날에도 자외선은 존재한다는 걸 잊지 말자.

② 적정 이상의 양을 바른다.

자외선 차단제를 너무 적게, 꼼꼼히 바르지 않으면 효과가 떨어진다. 전문가들은 500원짜리 동전 크기만큼 짜서 바르라고 한다. 실제 제법 많은 양이지만, 충분한 양을 바르도록 노력하자.

③ 얇게 여러 번 펴 바른다.

한 번에 많은 양을 바르지 말고, 약간의 시간을 두고, 얇게 여러 번 나눠서 펴 바르는 것이 좋다.

④ 수시로 발라준다.

피부에 한 번 부착된 자외선 차단제가 하루 종일 그대로 있지 않는다. 우리는 활동을 하면서 얼굴을 만지기도 하고, 머리카락이나 옷에 의해서 닦이기도 하고, 땀도 흘리기 때문에 자연스럽게 차단제가 일부 지워지므로 외부 활동 시 자주 발라주는 게 좋다.

⑤ 자신에게 맞는 지수를 사용한다.

실내에서 활동을 주로 하는 경우, 자외선 차단 지수가 높은 것을 굳이 바를 필요는 없다. SPF 지수가 20이상이면, 더 높은 지수의 차단제라 하더라도, 차단율은 비슷하게 나온다. 높은 지수의 차단제를 바르는 것보다, 얼마나 자주 덧발라서, 차단율을 유지하느냐가 더 중요하다.

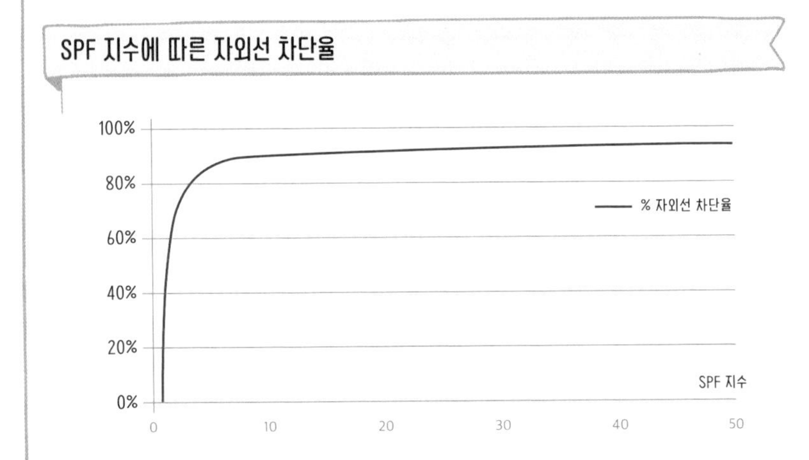

⑥ 자외선에 노출되는 모든 피부 부위에 바른다.

종일 외부 활동을 한다면, 옷이나 머리카락으로 가려지지 않는 부위는 자외선 차단제를 얼굴과 같은 방법으로 모두 발라주는 것이 좋다.

8장

데일리 케어 ②
트러블 해결하기

피지는 피지선에 의해 분비되는 기름의 혼합물이다. 피지를 피부 트러블의 원흉으로만 생각하는데 실제 우리 피부에 착한 일도 많이 한다.

트러블 없이 매끈한 피부 만드는 방법

우리 몸에는 털이 많다. 각각의 털에는 피지선이 붙어 있어, 피지선에서 나오는 기름은 털에 발려지는데, 이 기름은 털을 부드럽고 윤기 나게 만든다. 머리를 안 감았을 때, 머리에 기름이 많이 쌓이는 이유도 이같은 이유다. 그러면 모공은 뭘까? 모공의 정확한 의미는 털의 구멍이다. 모공이 굵어지는 이유는 털이 굵어서라고 오해하는 경우가 있는데, 실제는 모공을 통해 빠져나가는 피지 분비량에 따라 모공의 크기가 결정된다. 피지 분비량이 많을수록 모공이 넓어지고, 피지 분비가 많은 T존 부위가 다른 피부에 비해서 대체적으로 넓다. 모공은 서서히 넓어진다. 그런데 여러 가지 이유로 갑자기 피지가 많아지면, 모공은 어떻게 될까? 피지선에 갇혀 뭉치게 된다. 피지라는 착한 아이가, 여드름이라는 무서운 아이로 돌변하는 과정이다.

피지에 대한 오해

피지는 피지선에 의해 분비되는 기름의 혼합물이다. 피지를 피부 트러블의 원흉으로만 생각하는데 실제 우리 피부에 착한 일도 많이 한다.

첫째, 피지는 피부에 막을 형성하여 외부에서 침입하려는 이물질을 막아 피부를 지키고, 수분 증발을 방지한다. 피지가 기름 성분이기 때문에 피부에 막을 형성하면 외부에서 물질이 피부를 뚫고 들어가기도, 안에서 밖으로 나오기도 힘들다.

둘째, 피부에 윤기를 제공한다. 나이 들어서도 피지가 잘 생성되는 지성 피부의 경우에는 건성 피부에 비해 나이 들어 보이지 않는다. 적정한 피지 분비는 피부에 윤기와 광택을 주어 건강하고 촉촉한 물광 피부를 표현한다.

셋째, 피부의 유수분을 조절한다. 피부가 건조하거나, 지나치게 기름진 경우에는 피지 분비량이 조절되어 적절한 유수분 밸런스를 유지할 수 있도록 한다. 세안 후 화장품을 바르지 않고 있었을 때, 피부가 당기는 느낌을 받은 적이 있을 것이다. 그러나 시간이 지나면서 당기는 느낌이 없어지는데, 바로 피지의 조절 작용 때문이다.

넷째, 피부를 방어하는 기능을 한다. 피지에는 항균 성분이 들어 있어 세균 및 다른 병원성 미생물로부터 보호하는 역할을 하게 되는데. 바이러스나 세균 피지가 많은 얼굴과 두피에는 세균이나 곰팡이균이 잘 생기지 않는 것도 그 이유다.

다섯째, 천연 자외선 차단제 역할을 한다. 자외선 차단제를 바르지 않아도, 피부 손상을 조금이나마 막을 수 있는데 바로 피지 덕분이다. 피지가 기름막을 형성해주므로 햇빛이 직접 피부를 뚫고 들어갈 수 없게 된다. 한여름에 자외선 차단제를 바르지 않고 밖에서 놀다가, 덥다며 학교 개수대에서 세수를 하고 다시 놀았던 어린 시절에 피부가 더 많이 탔던 이유가 여기에 있다.

하지만 이런 좋은 기능을 가지고 있는 피지도 과도하게 분비되면, 피부 문제를 일으킬 수 있다. 바로 여드름! 10대 청소년과 20대 청년들이 가장 무서워하는 그것이다.

피지가 일으키는 피부 트러블

피부는 일반적으로 타고나는 것이라는 통념이 있다. 연예인처럼 예쁘고 잘생긴 외모나 좋은 피부는 모두 타고난 유전이기에 평범하게 태어난 대부분 사람들은 어쩔 수 없다는 식으로 얘기하기도 한다. 실제 일부 그런 면도 있다. 좋은 피부, 나쁜 피부 모두 유전의 영향이 크다는 한 연구 결과가 있다. 성인이 되어서도 여드름이 지속되는 경우, 피지샘의 크기와 활성도가 유전에 의한 것이므로 가족력을 의심해볼 수 있다는 것이다. 그런데 우리는 여드름이 사춘기의 산물이고, 시간이 지나면 개선될 것이고, 뭔가 오랫동안 없어지지 않으면 자신의 관리 부족 탓으로 돌리곤 한다. 유전 탓인 경우 사실 화장품 수준에서 개선할 수 있는 일이 아무것도 없다. 현대 의학의 힘을 빌리는 수밖에.

여드름이 관리가 안 된다고 느끼는 초기 시점이 중요하다. 그 시점을 놓치면 여드름 자국이나 흉터가 이미 생긴 뒤에 치료나 시술을 받아도, 매끈하고 깨끗한 피부가 되기는 상당히 힘들다. 거울을 볼 때마다 평생 불편하고 안타까운 마음이 들게 된다. 초기에 전문의와 상담하면 의사들은 그 여드름의 특징을 안다. 금방 사라질 것인지, 오랫동안 애를 먹일 것인지. 지금 여드름이라는 어두운 터널을 지나고 있는데, 한 줄기의 빛도 보이지 않는다면 지금 당장 피부과 전문의가 있는 병원을 찾아가자.

트러블, 너는 어디서 왔니?(여드름의 다양한 원인)

여드름은 대개 피지 분비가 왕성해지는 사춘기에 나타났다가 성장하면서 점점 사라진다. 하지만 성인이 되어도 피지 분비 조절이 되지 않아, 성인 여드름이라는 고민을 안고 살아가는 사람들도 적지 않다. 여드름의 원인은 여러 가지가 있을 수 있으나, 대개는 복합적이다.

① 왕성한 피지 분비

사춘기 여드름의 경우는 남성 호르몬(테스토스테론) 분비가 증가에 따라 피지 분비가 왕성해지고, 피지샘을 통해 피지 분비가 원활하게 이루어지지 못하며 발생한다. 안에서는 피지 분비가 왕성한데, 모공에서 원활하게 피지를 배출하지 못하게 되면서 피지가 모공 속에 갇히게 된다.

② 피부 pH의 알칼리화

외부 요인이나 잘못된 생활 습관에 의해 피부의 pH가 높아지면 피부의 자체 방어 기능이 약해지며 감염성 여드름이 생기기도 한다. 여드름이 있는 피부의 pH는 보통 약알칼리성을 띠고 있는데, 화장품(세정제와 기초 화장품)을 통해서 pH 5~6(약산성)을 유지하도록 관리하는 것이 좋다. 세안 시 식초를 한두 방울 섞은 물로 세안을 하면 트러블이 잦아드는 것도 같은 원리다.

③ 과도한 각질 생성

각질층에 각질이 과도하게 쌓이면 피지가 원활하게 배출되지 못해 여드름을 발생시키는 원인이 되기도 한다. 평소 각질이 잘 쌓이는 피부라면, 적절하게 각질 제거를 해주는 것이 좋다. 내 경우 입과 코 주위에 뾰루지가 자주 생긴다. 뾰루지가 올라오려는 기미가 보이면, 그 부위만이라도 각질 제거제를 써서 피지가 잘 배출되도록 한다. 각질 제거제는 과도한 각질이 생겼을 때 사용하는 것이므로, 여드름을 예방하려는 목적으로 매일 사용하는 것은 절대 좋지 않다. 과도한 각질 제거는 피부를 손상시키므로 적당히 주의해서 사용한다.

④ 호르몬의 변화

청소년기 남성 호르몬(테스토스테론) 분비 증가 외 여성의 경우에는 생리 주기나 임신 또는 피임약 사용 등에 의해 호르몬 변화가 일어나고, 이로 인해 여드름이 생길 수 있다.

⑤ 생활 스트레스

스트레스는 여드름을 악화시킬 수 있는 요인 중 하나지만, 스트레스를 받는다고 해서 모든 사람에게 여드름이 생기는 건 아니다. 인체 내 부신에서 스트레스 호르몬인 코티솔이 생성되면서 여드름의 원인 호르몬인 안드로겐의 수치가 함께 높아져 피지선이 자극을 받게 되어 여드름이 생길 수 있다. 스트레스를 받을 때 뾰루지가 잘 생기는 것도 피지선의 자극을 원인으로 볼 수 있다.

트러블 해결 방법

여드름이 왜 생기는지 알았다면, 해결하는 방법도 짐작할 수 있을 것이다. 피지 분비를 억제하고 피부의 pH를 약산성으로 관리하고, 피지가 잘 나올 수 있도록 각질 관리를 적절히 하면 된다. 여성의 경우 생리와 출산은 어쩔 수 없다손 치더라도, 스트레스 관리는 나름 잘 할 수 있지 않은가? 이렇게 말했지만 사실 그렇게 간단하지만은 않다. 여드름이 종류와 양상이 매우 다양하므로 종류별 특징을 알고 관리해야 효과를 볼 수 있다.

여드름의 종류

여드름은 그 종류가 다양하다. 화이트 헤드(폐쇄면포), 블랙 헤드(개방면포), 일반 여드름, 큰 여드름(화농성 여드름), 깊은 여드름(응괴성 여드름)이 있다.

여드름의 발생 과정

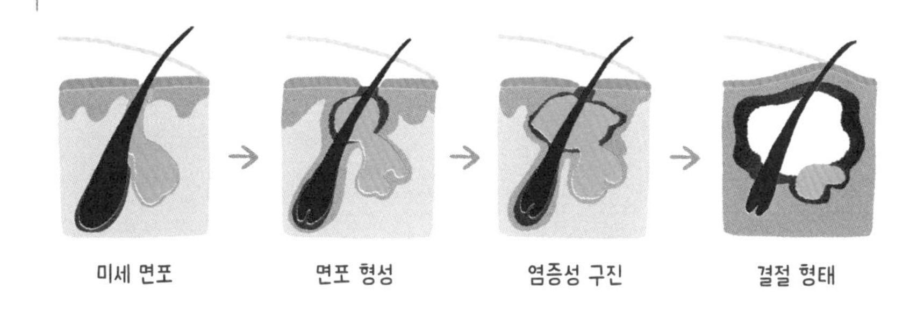

1. 화이트 헤드(폐쇄면포)

피지선에서 만들어진 피지가 빠져나오지 못하고 갇혀 덩어리가 생기는데 모공이 막혀 있고, 하얀색(화이트 헤드)으로 보인다.

2. 블랙 헤드(개방면포)

화이트 헤드에서 진행이 되면 모공 속에 갇힌 피지와 노폐물이 산화되어, 구멍이 열린 개방 여드름이 된다. 공기와 접촉하다보니, 모낭 속 피지 끝이 검은색(블랙 헤드)으로 보이고, 손으로 짜면 톡! 하고 나온다.

3. 일반 여드름(뾰루지)

화이트 헤드의 상태에서 세균에 감염되면 정상적인 모낭들이 터지고 주변으로 염증이 확산되는데, 손으로 잘못 건드렸을 경우에는 더 깊은 여드름으로 발전한다. 약간 붉은 색을 띠며, 유분이 많이 차 있는 경우에는 약간 아플 수도 있다.

4. 큰 여드름(화농성 여드름)

일반 여드름이 악화되면, 모공 안에 염증이 생겨 고름이 차게 된다. 한 두 개라면 괜찮지만, 이것이 피부에 많다면 상당한 스트레스로 사회생활에 지장을 받을 수도 있다. 이 단계까지 여드름이 진행되면, 피부과 전문의와 상담을 통해 치료하는 것이 좋다.

5. 깊은 여드름 (응괴성 여드름)

여드름 중 가장 심각한 상태의 여드름으로 안에 덩어리져 있어서 응괴라는 이름이 붙었다. 턱 주변에 많이 발생하는 것으로 딱딱하면서, 잘 낫지도 않고 아픈 여드름이다. 치료가 시급하다.

여드름 예방을 위한 생활 습관

일단, 심각한 여드름으로 발전하지 않고,
매끈한 피부로 돌아가게 하려면 어떻게 해야 할까?

① 철저한 세정과 각질 관리하기

여드름은 피지와 노폐물의 결정체다. 잘 씻어주기만 하면, 어느 정도 관리가 된다. 밤에 메이크업을 한 채로 취침을 하는 사람들이 있다. 최악이다. 여드름이 있는 피부라면 더더욱 시간에 따른 세정 관리가 필요하다. 아침과 저녁, 모두 세정제로 깨끗이 씻어준다. 수면 시간을 평균 7시간으로 봤을 때, 자는 동안 신진 대사 활동이 왕성하다. 아침에도 많은 피지를 만날 수 있으므로, 세정제로 세안하는 것이 좋다. 또 여드름 피부는 각질이 많이 쌓여 모공 밖으로 배출되지 못하는 경우가 있으므로 피부에 각질이 있다고 판단되면, 부드러운 각질제거제를 사용한다. 단, 절대 이태리 타올로 밀지는 말도록.

② 얼굴과 모발에 손을 대지 않는 습관 기르기

사람들을 만날 때 가끔 얼굴과 모발에 손을 대는 사람들이 있다. 습관으로 굳혀진 행동이다. 우리 손은 보이지 않는 수많은 세균에 노출되어 있다. 각종 세균을 가진 손이 얼굴을 만지면, 바이러스, 세균, 박테리아가 얼굴에 붙어서 여드름이나 다른 트러블을 유발할 수 있다. 특히 모발은 먼지와 세균이 더 잘 붙는다. 모발을 부드럽게 하기 위해 사용하는 헤어 에센스나 오일이 먼지를 잘 붙게 하는 원인이 되기도 한다. 여드름 피부는 모발에도 이미 피지선에 의한 기름이 코팅되어 있기 때문에, 헤어 제품을 사용하지 않았다 하더라도 먼지가 많이 붙는다. 모발을 쓰다듬다가 얼굴을 만지는 경우, 세균이 여기저기 붙게 된다. 일단 얼굴과 모발에는 손을 대지 않도록 노력하자.

③ 손으로 짜지 않기

여드름에 대한 정보와 지식을 알지 못하는 경우에 여드름이 불편하게 느껴질 수도 있다. 나도 어릴 때, 이마와 턱에 여드름이 많이 났는데, 뭔가 이물감이 느껴져서 손으로 열심히 짰던 기억이 있다. 잘

못 만졌다가 더 염증이 생겨서 어린 나이에 맘 고생을 많이 했다. 아무리 전문가들이 짜지 말라고 해도, 사실 그게 잘 안된다. 나만 그런가? 몇 년 전에도 무의식적으로 만졌다가 염증이 생겨서 색소 침착이 되었는데, 3년이 지나서야 자국이 없어졌다. 그 이후 이제는 저절로 나오기 전까지는 절대 손을 대지 않는다. 단, 화이트 헤드나 블랙 헤드가 생길 즈음 각질 제거를 열심히 한다. 각질이 쌓이지 않도록 해서 피지가 자연스럽게 나오도록 한다. 만약 짜야 할 만큼 진행된 염증성 여드름이라면, 병원이나 여드름 전문 에스테틱의 전문가에게 맡기는 것이 좋다.

④ 외출에서 돌아오면 바로 세안하기

외출 중 피부에 쌓인 노폐물과 오염 물질이 여드름 피부를 자극하고 더 많은 염증을 일으키기 쉽다. 또한 외출 중에는 땀이 많이 나는데, 수분이 날아가면서 피부가 건조해지고, 피지 분비가 더욱 증가한다. 일단 집에 돌아오면 바로 깨끗이 씻는 것이 좋다.

⑤ 머리를 자주 감기

대체로 여드름 피부의 경우 머리카락이 자주 닿는 부위에 여드름이 더 많아진다. 청소년기 친구들은 대부분 앞머리를 내리는 경우가 있는데, 앞머리를 걷어보면 여드름이 옹기종기 군락을 형성하고 있다. 여드름이 많아져 앞머리를 내리는 경우도 있는데, 이것은 오히려 여드름을 악화시키는 결과를 가지고 온다. 앞에서 설명했듯이, 피지선에 의한 기름이 모발에도 잘 코팅되기 때문에, 피지 생성이 활발한 지성, 여드름 피부는 두피와 모발에도 상당한 피지가 존재하고 있어 여드름의 원인이 될 수 있다.

⑥ 여드름 화장품으로 꾸준히 관리하기

여드름은 관리를 시작한다고 하루 아침에 없어지지 않는다. 피지 생성량을 마음대로 조절하기 어렵고, 여드름의 또 다른 원인으로 지목되는 유전, 스트레스 등도 자신이 컨트롤하기 힘든 부분이다. 그러므로 여드름, 뾰루지가 잘 생기는 피부라는 것을 인지했다면, 자신의 여드름 원인이 무엇인지 정확히 분석해서, 꾸준히 인내심을 가지고 관리하는 자세가 필요하다.

여드름 예방 및 개선 화장품 성분

본격적으로 여드름을 관리해보자. 자신의 피부 상태를 정확히 파악하고 있어야 한다. 여드름 종류 5가지 중에서 어떤 상태냐에 따라서, 관리 방법이 달라질 수 있다. 심하다면 병원으로 바로 달려가고, 그렇지 않다면 여드름 관리에 도움이 되는 성분이 들어있는 화장품을 알아보자.

여드름 관리에 도움이 되는 성분과 효능

효능	해당 성분
카올린, 벤토나이트, 그린클레이	**피지 흡착용팩**
녹차 추출물, 녹차수, 비타민C와 유도체	**피지 과산화를 막는 항산화 성분**
AHA(글라이콜릭애씨드, 락틱애씨드, 말릭애씨드, 시트릭애씨드, 타타릭애씨드) 총 5가지 종류, BHA(살릭실릭애씨드), PHA(글루코노락톤, 락토바이오닉애씨드), RHA(카프릴로일살리실릭애씨드), 비피다 발효용해물	**각질 용해 효과**
나이아신아마이드, 비사볼롤, 어성초 추출물, 쑥 추출물, 아줄렌	**항염 효과**
알로에베라 추출 원료(젤, 워터, 추출물 등), 라벤더 오일, 알란토인, 카렌듈라 추출물(포트마리골드꽃 추출물), 감초 추출물, 병풀 추출물	**진정 효과**
티트리 추출 원료(티트리 오일, 티트리 워터), 레몬 추출 원료(레몬 오일, 레몬 추출물), 프로폴리스 추출물	**항균 효과**
세라마이드, 세포 성장 인자	**피부 장벽 정상화**

여드름 화장품 사용 시 고려 사항

1. 세정제와 pH

여드름과 지성 피부가 세정제를 선택할 때 심각하게 고민하는 문제가 있다. 세정력이냐 약산성 pH냐? 어려운 문제다. 기름기가 많아서 세정력이 높은 것을 쓰자니 pH가 높아서 여드름이 악화될 수 있다고 하고, 약산성 세정제를 사용하자니 노폐물이 잘 제거되지 않는 것 같고. 나도 가끔은 고민한다. 지금은 나이가 들어 건성 피부가 되었지만, 한때 여드름이 많았던 지성 피부인으로서 요즘도 메이크업을 진하게 한 날이면, 2차 세안까지 마쳐도 얼굴에 뭔가 남은 듯한 찝찝한 느낌이 든다. 그럴 때면? 나는 그날 하루는 약알칼리성 세정제를 사용한다.

기름기와 노폐물을 잘 제거하는 pH는 알칼리성이다. 예전의 세정제는 대부분 알칼리성이 많았다. 씻고 나면 피부가 뽀드득거리며 노폐물과 기름기가 깨끗하게 잘 씻겨나가 개운하다는 느낌이 있었다. 그런데 약산성 pH가 피부를 건강하게 만든다는 정보를 화장품 회사가 광고에 활용하면서, 대부분 회사에서는 이제 약산성 제품을 판매하고 있다. 약산성 세정제의 단점은 세정력이 알카리성 세정제만큼 좋지 않다는 것이다.

일단, 여드름이 없고 그냥 피지가 많은 지성 피부라면 약알칼리 세정제를 사용해도 된다. 피부 노폐물이나 메이크업이 잘 지워진다. 여드름 피부는 약알칼리 pH를 가질 때, 더 악화되기 때문에, 여드름이 없고, 개운한 느낌을 좋아한다면 약알칼리성 세정제도 추천한다. 우리 피부는 항상성을 가지고 있기 때문에 일시적 세정제 사용으로 pH가 높아졌다 해도, 금방 원래대로 돌아온다. 그리고 요즘 시판되는 기초 화장품은 대부분 중성 이하이므로 세안 후 기초 화장품을 바르고, 관리하면 괜찮다.

그래도 기본적으로 여드름이 있는 피부에는 약산성 세정제 사용을 추천하는데, 너무 낮은 pH보다는 중성도 괜찮다. 약산성 세정제를 사용한다면 소량의 알코올이 함유된 닦토(닦아내는 토너, 여드름 또는 지성용)를 함께 쓰면 좋다. 세안 후 한 번 더 닦아내면 노폐물이 남아 있는듯한 불편한 느낌은 피할 수 있다.

2. 각질과 각질 제거 화장품

여드름은 피지가 제때 빠져나오지 못하기 때문에 생성된다. 피지가 밖으로 잘 배출되기 위해서는 장애물을 잘 치워줘야 한다. 피지가 많이 생성되는 피부는 사실 '일주일에 몇 회'처럼 각질 제거의 횟수를 정하는 것이 의미없다. 각질이 잘 쌓여서 금방 제거해야 할 때도 있고, 그렇지 않을 때도 있으니, 피부 상태를 보고 각질 제거를 하면 된다. 각질 제거 화장품의 종류에는 알갱이가 느껴지는 물리적 각질 제거제와 AHA, BHA, PHA, RHA가 포함된 화학적 각질 제거가 있는데, 화학적 각질 제거제는 유효 성분의 함량에 따라 자극도가 달라질 수 있으니, 해당 제품의 사용 방법을 정확히 숙지한 후 사용한다.

물리적 각질 제거제 중에서 자극이 덜한 것을 선택해서, T, U존 여드름이나 요철이 생기는 부위에 각질의 조짐이 있을 때마다 부드럽게 마사지하듯 문질러주는 것이 좋다.

초간단 약산성 효소 클렌저 만들기

약산성 계면활성제가 포함되어 있어 자극없이 세정하고, 파파인 효소와 호두 껍질 분말, 살리실릭산이 함유되어 각질 제거에 용이하다. 베이스 원료만 가지고 만들 경우에는 모든 타입의 피부에 데일리 클렌저로 가능하고, 첨가물이 포함되는 경우에는 각질 제거제로 사용할 수 있다.

| 초간단 약산성 효소 클렌저

구분	원료명	중량(g)	역할
베이스	에리스리톨	28.5	보습제
	소듐 코코일 이세치오네이트	35	약산성 계면활성제
	옥수수 전분	30	베이스
첨가물	파파인 효소 파우더	1	각질 제거
	호두 껍질 분말	5	각질 제거
	살리실릭산(BHA)	0.5	각질 제거
	합 계	100	

| 만드는 방법

① 베이스(모두 분말)를 계량하여 잘 혼합한다.
② 첨가물을 계량하여 베이스에 혼합한 다음 잘 젓는다.
③ 소독한 용기에 넣고 레이블링한다.

주의 사항 ① 소듐코코일이세치오네이트 계면활성제는 미세 분말이기 때문에 작업 시 마스크 착용을 권장한다.
② 보관 시 물이 닿지 않도록 한다.

| 각질 제거제로 사용하는 방법

① 1차 세안 후 얼굴을 따뜻한 물(온습포 타올 추천)로 데운 다음 물기를 제거한다.

② 효소 클렌저를 피부 전체에 펴 발라준다. (팩붓에 약간 물을 묻힌 다음, 꼼꼼히 펴 바른다. 피지가 많은 부위는 좀 두껍게!)

③ 5~7분 정도 시간이 지나 손가락으로 부드럽게 마사지한다. (피지가 많거나, 요철 부위는 좀 더 많이 문지른다. 이때 절대 강하게 해서는 안 된다. 자연스럽고, 부드럽게!)

④ 충분히 문질렀으면 미온수로 헹군다.

⑤ 각질 제거를 한 날에는 상태를 보고, 가능하면 닦토를 하지 않는다.

⑥ 각질, 요철, 블랙 헤드, 화이트 헤드가 없어진 매끄러운 피부표면을 보고 놀란다.

실온에서 12개월 이내 사용 가능

3. 알코올 성분과 화장품

화장품에 사용되는 알코올 종류

우리가 흔히 자극이 된다는 알코올은 에탄올 또는 변성 알코올이다. 이밖에도 탄소 수가 많아서 고급 알코올이라고 분류된 세틸알코올, 스테아릴아코올 등은 에멀션 제형에 사용되어, 유화제를 보조하거나 산뜻한 제형을 만들어준다. 그러니 알코올이라는 단어가 들어간 성분을 발견했다고, 무서워할 필요는 없다. 사람들이 생각하는 진짜 알코올(에탄올, 변성 알코올)은 화장품 성분에 들어가면 피부에 자극이 된다고 기피하는 현상이 있다.

알코올의 역할과 사용법

알코올이 여드름, 지성용, 남성용 화장품에 소량 포함된 경우 이는 피지를 한 번 닦아내고, 청량감을 주고, 염증을 소독하는 역할을 한다. 단, 건조하거나 민감한 피부는 알코올이 다량 포함된 화장품을 사용하지 않는 것이 좋다.

100번 강조해도 모자랑 유수분 밸런스의 중요성

유수분 밸런스는 건강한 피부를 위해서 모든 피부에 필요하다. 단, 지성, 여드름 피부는 기본적으로 유분이 충분하기 때문에, 수분 제품을 좀 더 꼼꼼히 챙기는 것이 좋다.

유수분 밸런스를 맞추기 좋은 화장품 사용 방법

① 수분이 충분히 흡수되도록 스킨(흡토, 흡수되는 토너) 사용하기

스킨을 사용할 때는 한 번만 사용하는 것이 아니라, 2~3번 정도, 피부가 촉촉하게 느껴지는 횟수까지 한다. 피부가 촉촉하게 느껴지는 횟수는 개인적으로 테스트를 통해서 찾아야 한다.

② 스킨으로 충분한 수분을 공급하려면 토너팩 하기

사용하고 있는 스킨에 화장솜을 충분히 적셔 10~15분 정도 올려둔다. 그러면 굳이 여러 차례 흡수시키지 않아도 피부가 촉촉해진다.

③ 에센스 추가 사용하기

유분감이 없는 것으로 1~2회 사용해주고, 마지막에는 약간 유분이 함유된 로션이나, 수분크림을 손에 짜서 여드름이 없는 부위, 가장 건조함을 느끼는 부위에 로션을 먼저 바르고, 나머지 여드름 부위에는 안 바르거나, 필요하면 아주 조금 살짝 눌러주듯 바른다.

피부과 전문의의 치료와 먹는 약의 중요성

여드름이 심해서 일상생활에 영향을 미칠 정도로 고민이 된다면, 피부과 전문의에게 치료를 받고 약을 처방받는 것이 좋다. 피지 분비는 유전과도 일부 관계가 있기 때문에, 홈 케어를 아무리 열심히 한다 해도 이렇다 할 결과가 나오지 않을 수 있다. 피부과 약을 복용하는 것에 부작용이나 내성을 걱정하는 사람들이 생각보다 많다. 그러나 피부과 전문의들은 피부에 대해서만 몇십 년간 공부하고 진료를 해온 전문가들이다.

피부과 전문의에 의하면, 여드름은 먹고 바르는 약으로 가장 치료가 빠르다고 한다. 여드름 증상이 고민이 되고 사회 생활에 심각한 지장을 준다면, 일단 전문의와 상담해보라. 부작용에 대한 큰 걱정은 잠시 접어두고, 여드름 치료를 받는 것을 추천한다.

알레르기 피부가 화장품을 대하는 방법

알레르기는 누구의 잘못이 아닌, 조심해야 할 대상

우리 몸에 세균, 바이러스 같은 이물질이 들어오는 경우 몸을 보호하기 위해 면역 반응이 일어나는데, 이것이 지나쳐 과민 반응을 일으켜 생기는 병이 알레르기다.

피부 알레르기는 원인 물질에 노출되었을 때 생긴다. 원인 물질로는 식품, 화장품, 화학 원료, 금속, 자극 물질(건조한 공기, 뜨거운 물, 냉기, 세제, 청소용품,

마찰, 특정 식물), 약물 반응 등이 있는데, 이외에도 피부 알레르기의 원인은 다양할 수 있으며, 개인의 고유한 반응과 민감도에 따라 다를 수 있다. 원인 물질은 사람마다 달리 나타나기 때문에 한 번이라도 알레르기 반응이나 증상이 있었다면, 병원에서 알레르기 검사를 통해 정확한 알레르기 원인과 예방법을 확인하는 것이 좋다. 그러므로 피부 알레르기를 가진 사람은 사전에 원인 물질을 체크하고, 피하거나 조심하는 것이 중요하다.

화장품은 여러 가지 원료들이 혼합되어 있는 화학 제품의 일종이다. 화학 원료를 사용한다고 해서 모두 알레르기를 일으키거나, 천연이나 유기농 원료만 사용한다고 해서 전혀 일으키지 않는다고 할 수는 없다. 먹는 우유는 뼈 건강을 위해 많은 사람들이 먹고, 전문가들에 의해 권장되지만 일부 사람들은 소화 장애를 일으키기도 한다. 화장품도 마찬가지로 대부분의 사람들에게는 훌륭한 스킨 케어 수단이지만, 일부 사람들에게는 알레르기를 일으키기도 하기 때문에 피부가 민감하거나 특정 물질에 알레르기가 있다면 주의가 필요하다.

특정 화장품을 사용하고 알레르기 반응을 경험했다면, 일단 사용을 중단하는 것이 우선이다. 실제 식약처 자료에 의하면 대부분의 소비자 부작용은 알레르기가 아닌 일시적 피부염으로 밝혀졌는데, 이는 화장품에 문제가 있어서라기보다 특정 제품이 그 피부에 맞지 않다는 것을 말해준다. 대부분의 화장품은 피부에 작용이 경미한 것으로 피부 트러블을 일으키지 않는 안전한 제품이다. 만약 피부 문제가 발생했다면, 가장 먼저 나에게 맞지 않는 원료가 무엇인지 찾아보는 것이 중요하다.

화장품 속 주의해야 할 성분

화장품의 함유 성분별 알레르기 유발 성분

식약처에서는 화장품의 함유 성분별 알레르기 유발 성분을 지정하고, 이에 대해서 다음과 같이 포장지에 주의 사항 표시 문구를 의무적으로 기재하도록 규정하고 있다. 피부가 민감하거나, 3세 이하 영유아인 경우는 아래에 있는 성분과 주의 사항을 꼭 참고하여 화장품 사용을 권장한다.

화장품 함유 성분별 사용 시의 주의 사항 표시 문구 (제2조 관련)

- 과산화수소 및 과산화수소 생성 물질 함유 제품

  → 눈에 접촉을 피하고 눈에 들어갔을 때는 즉시 씻어낼 것

- 벤잘코늄클로라이드, 벤잘코늄브로마이드 및 벤잘코늄사카리네이트 함유 제품

  → 눈에 접촉을 피하고 눈에 들어갔을 때는 즉시 씻어낼 것

- 스테아린산아연 함유 제품(기초 화장용 제품류 중 파우더 제품에 한함)

  → 사용 시 흡입되지 않도록 주의할 것

- 살리실릭애씨드 및 그 염류 함유 제품(샴푸 등 사용 후 바로 씻어내는 제품 제외)

  → 만 3세 이하 영유아에게는 사용하지 말 것

- 실버나이트레이트 함유 제품

  → 눈에 접촉을 피하고 눈에 들어갔을 때는 즉시 씻어낼 것

- 아이오도프로피닐부틸카바메이트(IPBC) 함유 제품 (목욕용 제품, 샴푸류 및 바디 클렌저 제외)

  만 3세 이하 영유아에게는 사용하지 말 것
- 알루미늄 및 그 염류 함유 제품 (체취방지용 제품류에 한함)

  → 신장 질환이 있는 사람은 사용 전에 의사, 약사, 한의사와 상의할 것
- 알부틴 2% 이상 함유 제품

  → 알부틴은 〈인체적용시험자료〉에서 구진과 경미한 가려움이 보고된 예가 있음
- 알파-하이드록시애시드(α-hydroxyacid, AHA)(이하 "AHA"라 한다) 함유 제품(0.5 퍼센트 이하의 AHA가 함유된 제품은 제외)

  → 햇빛에 대한 피부의 감수성을 증가시킬 수 있으므로 자외선 차단제를 함께 사용할 것(씻어내는 제품 및 두발용 제품은 제외한다)

  → 일부에 시험 사용하여 피부 이상을 확인할 것

  → 고농도의 AHA 성분이 들어 있어 부작용이 발생할 우려가 있으므로 전문의 등에게 상담할 것(AHA 성분이 10퍼센트를 초과하여 함유되어 있거나 산도가 3.5 미만인 제품만 표시한다)
- 카민 함유 제품

  → 카민 성분에 과민하거나 알레르기가 있는 사람은 신중히 사용할 것
- 코치닐 추출물 함유 제품

  → 코치닐 추출물 성분에 과민하거나 알레르기가 있는 사람은 신중히 사용할 것
- 포름알데하이드 0.05% 이상 검출된 제품

  → 포름알데하이드 성분에 과민한 사람은 신중히 사용할 것

- 폴리에톡실레이티드레틴아마이드 0.2% 이상 함유 제품
  → 폴리에톡실레이티드레틴아마이드는 「인체적용시험자료」에서 경미한 발적, 피부 건조, 화끈감, 가려움, 구진이 보고된 예가 있음
- 부틸파라벤, 프로필파라벤, 이소부틸파라벤 또는 이소프로필파라벤 함유 제품(영·유아용 제품류 및 기초 화장용 제품류 중 사용 후 씻어내지 않는 제품에 한함)
  → 만 3세 이하 영유아의 기저귀가 닿는 부위에는 사용하지 말 것

착향제 속 알레르기 유발 성분

식약처에서는 착향제(향료)의 구성 성분 중 알레르기 유발 성분을 지정하고, 일정 이상의 함량을 포함하는 경우 해당 성분을 포장지의 전성분에 의무적으로 기재하도록 규정하고 있다.

착향제의 구성 성분 중 알레르기 유발 성분(제3조 관련)

연번	성분명
1	아밀신남알
2	벤질알코올
3	신나밀알코올
4	시트랄
5	유제놀
6	하이드록시시트로넬알
7	아이소유제놀

연번	성분명
8	아밀신나밀알코올
9	벤질살리실레이트
10	신남알
11	쿠마린
12	제라니올
13	아니스알코올
14	벤질신나메이트

15	파네솔
16	부틸페닐메틸프로피오날
17	리날룰
18	벤질벤조에이트
19	시트로넬올
20	헥실신남알
21	리모넨
22	메틸 2-옥티노에이트
23	알파-아이소메틸아이오논
24	참나무 이끼 추출물
25	나무 이끼 추출물

※ 다만, 사용 후 씻어내는 제품에는 0.01% 초과, 사용 후 씻어내지 않는 제품에는 0.001% 초과 함유하는 경우에 한한다.

쏙쏙 정보 화장품에서 표기된 알레르기 유발 성분

화장품에서 알레르기 유발 성분은 모두 피해야 하는 유해 물질이 아니다. 식품에도 알레르기를 일으키는 식재료가 있듯이, 향료에 들어있는 성분 중 25가지 특정 성분들은 피부 알레르기를 유발할 가능성이 있다. 그래서 이런 성분에 알레르기가 있는 사람들은 조심하라는 것이지, 건강한 피부를 가진 사람들마저 알레르기 유발 성분을 보고 공포심을 가지고 피하라는 것은 아니다. 일반 소비자는 화장품의 전성분을 보고도 그곳에 알레르기 유발 성분이 있는지 없는지 잘 모른다. 일정 함량 이상 시에만 화장품 회사의 표기 의무가 있기 때문이다. 보통 화장품 회사들이 자기 제품을 홍보할 때, "우리는 알레르기 유발 성분 없음"이라고 크게 강조한다.

특정 원료에 대해서 모든 사람에게 알레르기가 있다면, 그건 알레르기가 아니라 그냥 유해 성분이다. 향료의 알레르기 유발 성분은 극히 일부 사용자에게 알레르기를 일으킬 수 있기 때문에, 대부분의 소비자가 너무 걱정할 필요는 없다. 건강한 사람들은 멋진 향기 제품을 즐기고, 알레르기가 있는 사람들은 꼼꼼히 체크해서, 조심하거나, 그 성분이 없는 것을 사용하는 것이 바람직하다.

알레르기 유발 성분은 천연 향기 오일인 아로마 오일에도 함유되어 있다. 천연 원료는 알레르기 물질이 없을 거라 생각할 수 있지만, 함량을 초과하는 경우에는 표기 대상이 된다. 보통 앞에 성분들이 나열되어 있고, 뒤쪽에 향료, 향료를 중심으로 앞 뒤쪽에 알레르기 유발 성분이 포함되어 있으면, 그 성분이 일부 첨가된 것임을 알 수 있다. 그런데 향기를 넣은, 즉 알레르기 유발 성분이 들어 있는 화장품을 왜 만들고 파는 건가 의문이 들 수 있다. 향료는 화장품을 사용함에 있어서 아주 중요하고 유용한 성분이다. 건강한 사람들은 향기 제품을 즐기며 사용해도 된다.

9장

나만의 맞춤형 화장품 조제법

로즈 수딩 스킨 토너

피부에 진정 작용을 하는 로즈 워터와 피부의 노화를 예방하는 로즈힙 오일을 사용하여 일상의 지친 피부에 진정과 에너지를 주는 토너다.

| 권장 피부 모든 피부

| 만드는 방법

① 비커 1에 유상 첨가물을 계량하여 잘 젓는다.

② 비커 2에 수상 첨가물을 계량하여 잘 젓는다.

③ 수상첨가물을 유상 첨가물에 혼합하여 잘 젓는다.

구분	원료명	중량(g)	역할
수상 베이스	로즈 워터	87	진정, 베이스(수분 공급)
유상 첨가물	로즈힙 오일	2방울	유분, 피부 흡수용이
	로즈제라늄 오일	3방울	피부 보호, 향기
	폴리글리세릴-4카프레이트	1	가용화제
수상 첨가물	히알루론산 저분자 1% 액상	10	보습
	1,2-헥산다이올	2	보습 및 보존
합 계		100	

④

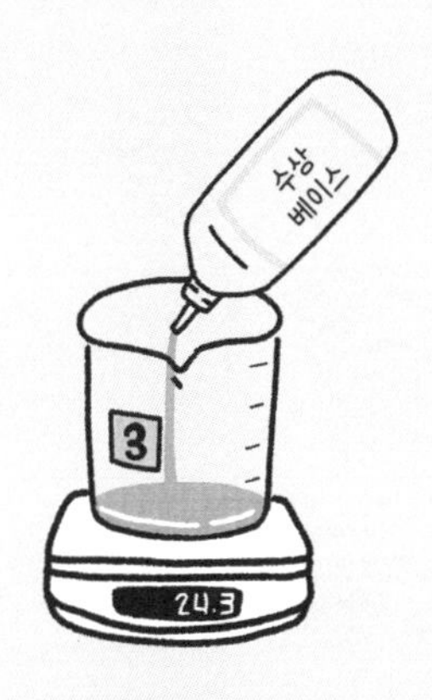

비커 3에 수상 베이스를 계량한다.

첨가물에 수상 베이스를 조금씩 넣으면서 잘 젓는다.

실온에서 3개월 사용 가능

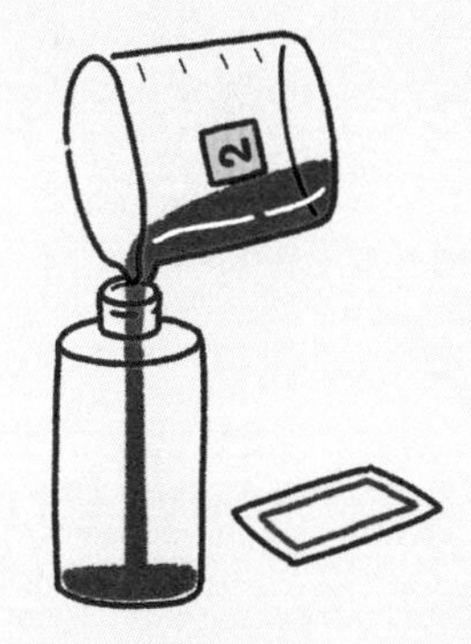

소독한 용기에 넣고 레이블링한다.

마이크로바이옴 브라이트닝 발효 스킨

사용하고 있는 스킨에 갈락토미세스 발효 여과물과 락토바실러스 발효 용해물을 혼합함으로써, 미세한 각질을 제거하여 피부를 밝게하고, 피부의 자생력을 높이는 에센스 겸용 발효 스킨이다.

| 권장 피부 일반 피부

| 만드는 방법

①

비커 1에 첨가물을 계량하여 잘 젓는다.
분말을 저어서 잘 녹인다.

비커 2에 베이스를 계량한다.

구분	원료명	중량(g)	역할
베이스	사용 중인 스킨	50	수분 공급
첨가물	갈락토미세스 발효여과물	43	보습, 항산화, 환한 피부
	락토바실러스 발효용해물	5	보습, 진정, 항산화, 환한 피부
	알부틴 또는 나아아신아마이드	2	미백
	합 계	100	

실온에서 3개월 사용 가능

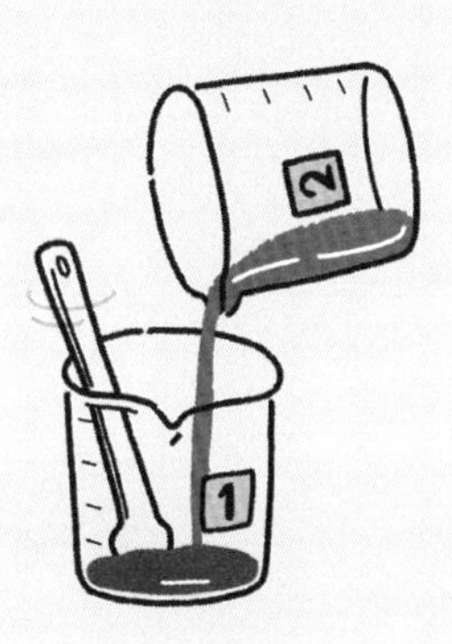

첨가물에 베이스를 조금씩 넣으면서 잘 젓는다.

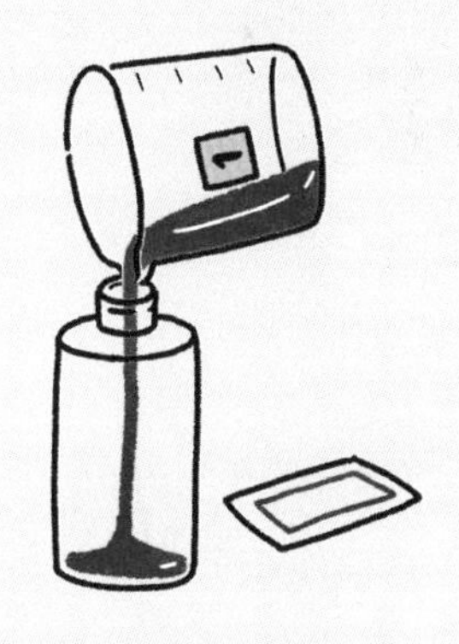

소독한 용기에 넣고 레이블링한다.

올인원 세라마이드 에센스 로션

피부의 유수분 밸런스를 맞추기 위한 기본 로션이다. 세라마이드와 동백 오일이 함유되어, 피부를 진정시키고, 피부 장벽을 튼튼하게 만들어주는 보습 에센스 겸용 로션으로 모든 피부가 사용 가능하고, 건조한 피부라면 레이어링해서 바르기를 추천한다.

| 만드는 방법

수상과 유상을 각각 계량하여 70도로 가열한다.

온도를 확인하고, 유상을 수상에 조금씩 넣고 잘 젓는다.

블렌더로 약 3~5초간 교반하고 식을 때 까지 잘 젓는다.

구분	원료명	중량(g)	역할
수상	카모마일 워터	60	베이스(수분 공급)
	글리세린	3	보습
	1,2-헥산다이올	2	보습, 보존
유상	동백 오일	15	피부 유연, 유분 공급, 진정, 보습
	세라마이드 5%	5	각질층 세포간지질성분
	올리브유화왁스	3	유화제
첨가물	히알루론산 고분자 1% 액상	5	보습
	병풀 추출물	5	항염, 항균, 진정
	카모마일 추출물	2	진정
	라벤더 오일	2방울	진정, 향기
합 계		100	

실온에서 3개월 사용 가능

④

약 40℃가 되면(손으로 만졌을 때, 미지근한 정도) 첨가물을 하나씩 넣고 젓는다.

⑤

점도를 확인하고, 소독한 용기에 넣고 레이블링한다.

미백과 주름 개선 기능성 마스크팩 솔루션

미백*과 주름 개선**을 위한 홈 케어 마스크팩 솔루션이다.

* 미백 성분: 브로콜리 추출물, 트라넥사믹애시드, 레몬 오일

** 주름 개선 성분: 아데노신리포솜, 코엔자임Q10

사용 팁 일주일에 1~2회, 스킨을 바르고 난 후 부직포나 면 마스크 시트를 차가운 솔루션에 적셔, 얼굴에 10~15분 정도 올려둔다. 데일리 에센스 대용으로 사용 가능하나, 밤에만 사용을 권장한다.

실온에서 3개월 사용 가능

| 만드는 방법

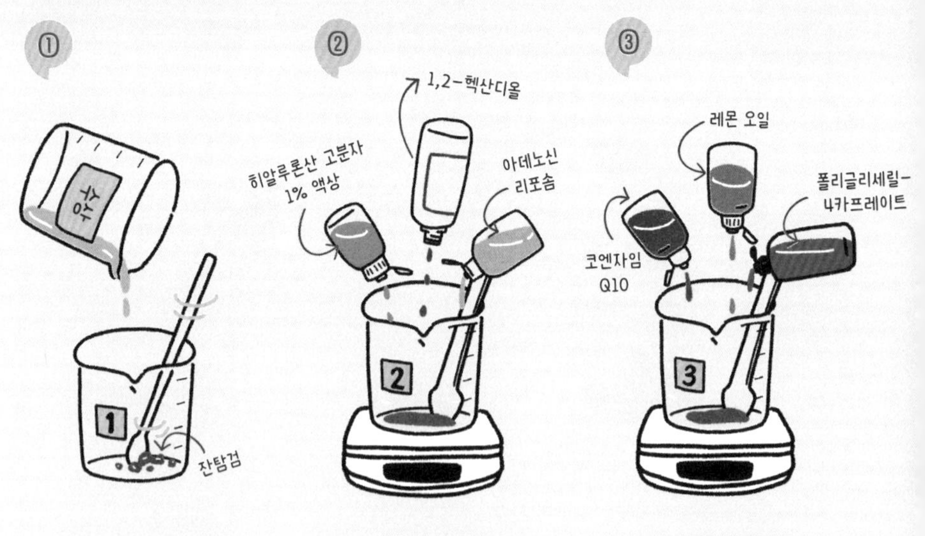

① 비커 1에 수상을 계량하여 잘 젓는다. 잔탄검은 한 번에 녹지 않으므로, 시간을 두고 젓는다.

② 비커 2에 수상 첨가물을 계량하여 잘 젓는다.

③ 비커 3에 유상 첨가물을 계량하여 잘 젓는다.

구분	원료명	중량(g)	역할
수상	로즈 워터	61	진정, 수분 공급
	브로콜리 추출물	20	미백
	병풀 추출물	5	항염, 항균, 진정
	잔탄검	0.3	점도조절
	트라넥사믹애시드	3	미백
수상 첨가물	히알루론산 고분자 1% 액상	5	보습
	1,2-헥산다이올	2	보존, 보습
	아데노신 리포솜	1	주름 개선
유상 첨가물	코엔자임Q10	1	안티에이징
	폴리글리세릴-4카프레이트	2	가용화제
	레몬 오일	2방울	미백, 향기
	합 계	100.3	

유상 첨가물을 수상 첨가물에 넣고 잘 젓는다.

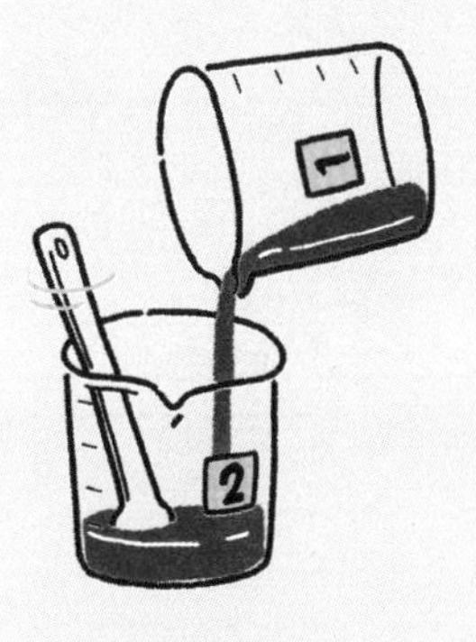

첨가물에 수상 베이스를 조금씩 넣으면서 잘 젓는다.

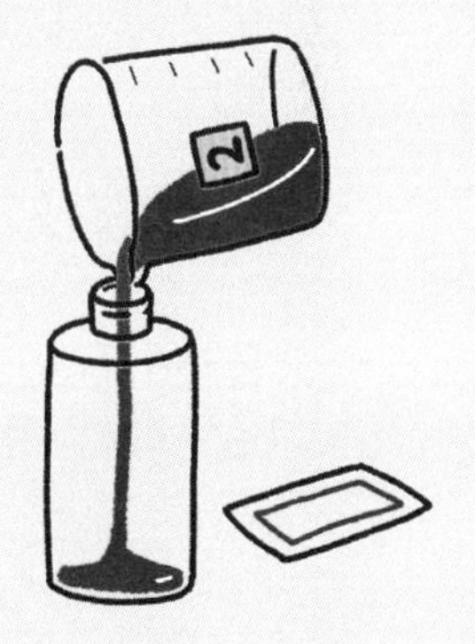

소독한 용기에 넣고 레이블링한다.

마이크로바이옴 갈색 병 에센스

유명한 화장품 회사의 갈색 병 에센스! 마이크로바이옴 원료에 업그레이드 한 효능 원료까지 포함된 에센스다. 마이크로바이옴 발효 원료로 피부의 자생력을 높이고, 속 건조에 보습과 진정, 피부 장벽까지 튼튼하게 하는 멀티 에센스다.

| 만드는 방법

실온에서 3개월 사용 가능

①

비커 1에 수상을 계량하여 잘 젓는다.

나이아신아마이드는 물에 잘 녹여지지만, 히아루론산 저분자 분말은 시간을 두고 녹인다.

②

비커 2에 유상 첨가물을 계량하여 잘 젓는다.

③

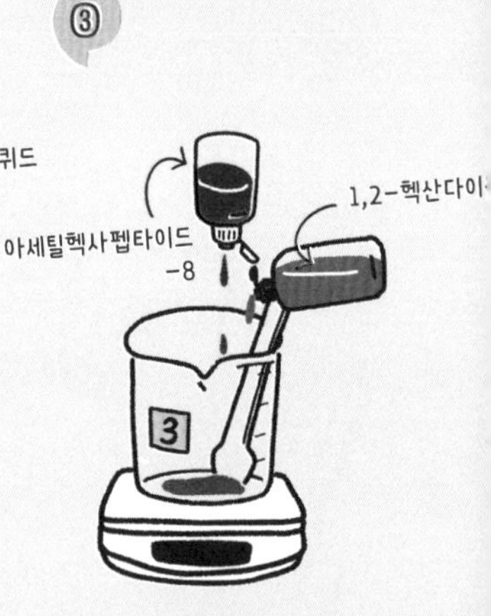

비커 3에 수상 첨가물을 계량하여 잘 젓는다.

구분	원료명	중량(g)	역할
수상	비피다 발효 용해물	60	마이크로바이옴 원료
	라벤더 워터	26	진정, 보습
	히알루론산 저분자 분말	1	보습
	나이아신아마이드	2	미백
유상 첨가물	스쿠알란	1	유연제, 보습
	토코페릴 아세테이트	1	항산화제, 유연제
	올리브리퀴드	2	가용화제
	저먼 카모마일오일	3방울	아줄렌 성분 (진정, 항염)
	로즈 앱솔루트 오일	2방울	진정, 재생
수상 첨가물	아세틸헥사펩타이드-8	5	보톡스 성분
	1,2-헥산다이올	2	보습, 보존
	합 계	100	

수상 첨가물에 유상첨가물을 넣어 잘 젓는다.

비커 1에 첨가물을 넣고 잘 젓는다. 히알루론산 저분자 분말이 다 녹지 않으면, 30분간 랩을 씌어 덮어둔다.

30분 후, 분말이 다 녹았는지 확인하고, 다시 한 번 저어준다.

소독한 용기에 넣고 레이블링한다.

수분과 재생을 한 번에 잡는 이데베논 크림

안티에이징의 최고봉 원료인 이데베논과 보습과 진정에 좋은 히알루론산, 호호바 오일로 유수분 밸런스와 안티에이징을 한 번에 잡는 멀티 이데베논 크림이다.

| 만드는 방법

①

비커 1에 수상을 계량하여 잘 젓는다.

②

비커 2에 유상을 계량하여 잘 젓는다.
(실온 유화제의 양을 정확히 맞춘다)

구분	원료명	중량(g)	역할
수상	알로에 젤	62	젤 수분 베이스
	히알루론산 고분자액상	12	보습
	1,2-헥산다이올	2	보습, 보존
유상	호호바 오일	18	유수분 밸런스 피부 보호, 진정
	이데베논	6	안티에이징
	실온 유화제	0.9~1	유화제 (용량 꼭 지켜주세요!)
	합 계	100	

실온에서 3개월 사용 가능

③

유상에 수상을 조금씩 넣으면서, 잘 젓는다.
(힘을 많이 들여서 젓기)
잘 저어지지 않으면, 블렌더의 힘을 빌린다.

④

소독한 용기에 넣고
레이블링한다.

두피 건강! 모발 풍성! 초간단 커피 샴푸

모발의 성장 속도를 증가시키는 카페인을 샴푸 베이스에 첨가하여 만드는 초간단 커피 샴푸다. 두피를 건강하게 하고, 모발을 풍성하게 만들어준다.

사용 팁 적정량의 샴푸를 두피에 묻히고, 두피 마사지를 하고 깨끗한 물로 헹궈준다.

| 만드는 방법

①

비커 1에 첨가물을 계량하여 잘 젓는다.
커피는 뜨거운 물에 넣어 잘 녹인다.
식힌 다음, 다른 첨가물을 넣는다.

②

비커 2에 베이스를 계량한다.

구분	원료명	중량(g)	역할
베이스	샴푸 베이스	160	두피와 모발 세정
첨가물	카누 커피	3봉	카페인 (모발 성장 속도 증가)
	뜨거운 물	30	커피 녹일 물
	네틀 추출물	15	두피 비듬 및 가려움 예방
	1,2-헥산다이올	2	보습, 보존
	로즈마리 오일	3	순환 촉진, 두피 청정, 향기
합 계		210	

실온에서 3개월 사용 가능

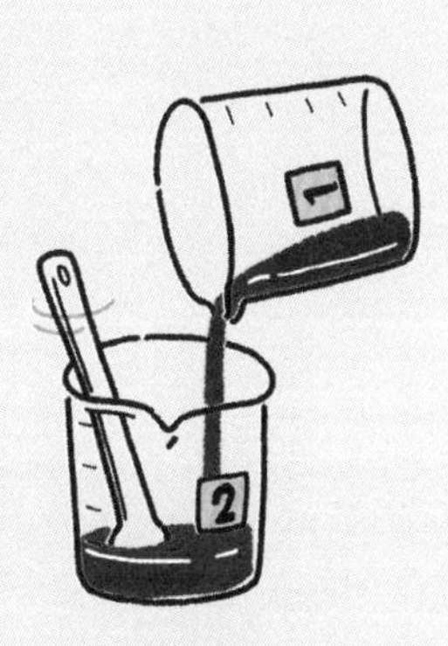

베이스에 첨가물을 넣고 잘 젓는다.

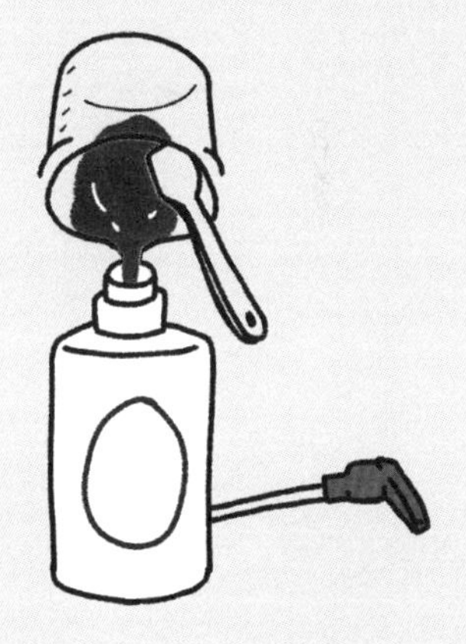

소독한 용기에 넣고 레이블링한다.

데일리 애플 포밍 클렌저

자연 유래 계면활성제인 소듐코코일애플아미노애씨드로 만드는 간단하고 순한 페이셜 세안제다. 거품 용기 사용이 필수다.

사용 팁 거품 용기에 세정제를 넣어 사용하면, 계면활성제의 양이 적어도 풍성한 거품을 낼 수 있고, 충분히 깨끗하게 클렌징을 할 수 있다.

| 만드는 방법

①

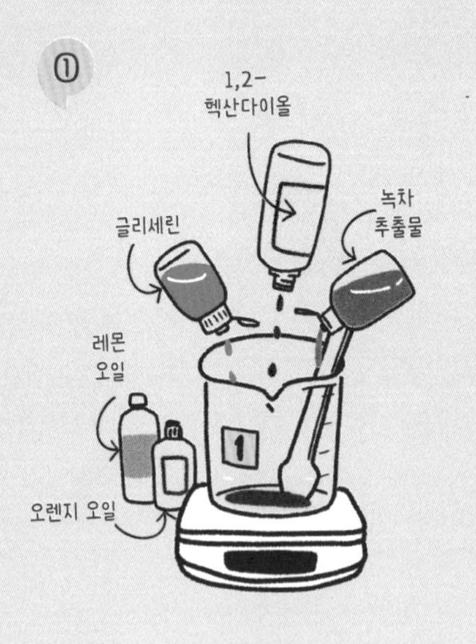

비커 1에 **첨가물**을 계량하여 잘 젓는다.

②

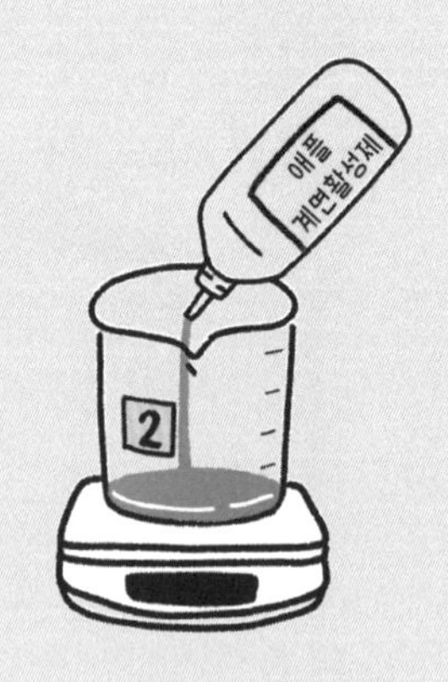

비커 2에 **베이스**를 계량한다.

구분	원료명	중량(g)	역할
베이스	애플 계면활성제	150	순한 계면활성제, 세정
첨가물	글리세린	3	보습
	녹차 추출물	2	청정, 보습, 진정
	1,2-헥산다이올	4	보습, 보존
	레몬 오일	4방울	미백, 살균, 향기
	오렌지 오일	4방울	미백, 살균, 향기
	합 계	159	

실온에서 3~6개월 사용 가능

첨가물에 베이스를 넣고 잘 젓는다.

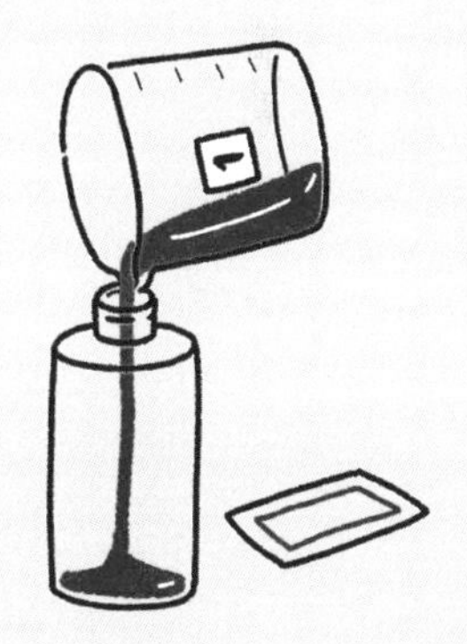

소독한 용기에 넣고 레이블링한다.

나만의 시그니처 향수

내가 좋아하는 향기 오일을 골라 블렌딩한 나만의 시그니처 향수다.

사용 팁 ① 향수는 바로 사용하는 것보다 1~2주 정도 지나 사용하면 더욱 풍부한 향이 난다.

② **향기 오일**: 유명한 향수의 이미테이션 향기도 화장품 원료 쇼핑몰에서 구매가 가능하고, 천연 아로마 오일을 좋아한다면, 아로마 오일을 블랜딩하여 사용이 가능하다.

만드는 방법

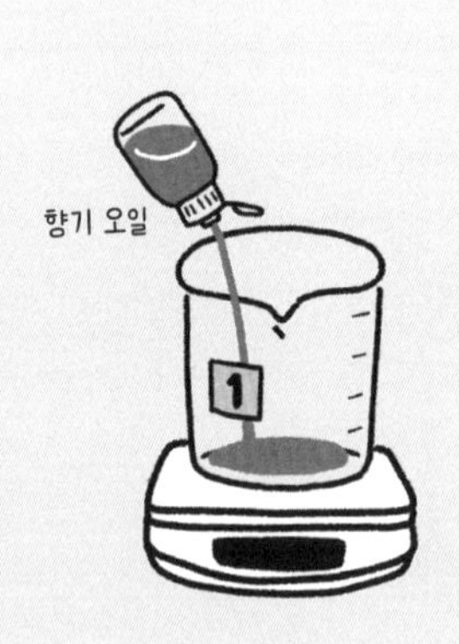

비커에 첨가물과 베이스를 차례대로 넣고 잘 섞는다.

구분	원료명	중량(g)	역할
베이스	향수 베이스	68	향기의 블랜딩, 휘발
첨가물	향기 오일	12	향기
	합 계	80	

실온에서 6~12개월 사용 가능

②

소독한 향수 용기에 넣고 레이블링한다.

이너 뷰티Inner Beauty
바르는 것보다 더 중요한 식습관도 챙겨보자!

① **불규칙한 식습관**: 불규칙한 식습관은 피부 세포의 성장과 회복을 방해한다.

② **짜고 단 음식의 과다한 섭취**: 체내의 염분과 당분의 수준을 높여 건강을 악화한다.

③ **고열량 식습관**: 체내 노폐물 제거 기능을 약화시켜 염증 반응을 유발한다. 피부 염증으로도 발전하며 피부 건강을 악화시킬 수 있다.

④ **고지방 식습관**: 지방 섭취가 과다하면 지방 성분이 피부 내 과다 축적되고, 피지 생산을 증가시키며 이는 피부 유분 증가로 연결된다. 또한, 고지방 식습관은 염증을 유발할 가능성이 있다. 염증은 피부 유분 생산을 촉진시키는 작용을 한다.

⑤ **고당류 식습관**: 고당류(탄수화물 포함)의 음식을 많이 섭취하면 인슐린 저항성이 생길 가능성이 높아진다. 인슐린은 혈당을 조절하는 중요한 호르몬인데, 인슐린 저항성이 생기면 혈당 조절이 어려워져, 피부 염증을 일으키는 사이토카인을 증가시킨다. 이로 인해 여드름이 유발되기도 한다. 또한 혈액에 녹아든 당분이 단백질과 결합하면서 화학 반응을 일으켜, 콜라겐과 엘라스틴이 손상되어 피부 탄력이 떨어지게 된다.

⑥ **수분 부족**: 충분한 양의 물은 피부 건강에 아주 중요하다. 물은 체내의 독소를 제거하고 체온을 조절하는 데 필수다. 마시는 물이 부족하면 피부가 건조해지고, 주름이 생기기 쉽다. 이뇨 작용을 하는 커피를 하루 2잔 이상 마신다면, 물도 함께 마셔 충분한 수분을 공급하자.

⑦ **과도한 음주**: 술은 경피 수분 손실량(피부를 통해 수분이 바깥으로 빠져나가는 정도)을 증가시킨다. 또한 피부의 산도(pH)가 증가하여 땀이 증가하고, 피부는 점차 중성 또는 알칼리화된다. 피부의 pH가 불균형하면, 면역이 저하되어, 여드름이나 트러블을 유발하기도 한다.

10장

건강한 피부를 위한 또 다른 제안

화장품은 중요하다.

우리가 매일 사용하면서, 예뻐지기를 바라는 필수품이자 희망품이기 때문이다.

화장품의 중요성

나는 앞에서 건강한 피부를 위해서 무엇보다 신체의 건강 자체를 강조했다. 피부를 좋게 하기 위해서는 건강, 운동, 식습관을 점검해야 하고, 문제가 있을 시 이를 개선하면서 병행할 수 있는 것이 화장품을 통한 피부 관리다. '대한민국 화장품의 진실', '화장품이 피부를 망친다', '화장품 회사가 알려주지 않는 진실' 같은 내용을 담고 있는 책들은 때론 화장품이 피부에 절대 써서는 안 되는 독인 양 주장한다. 그런데 대부분의 여성들은, 아니 요즘에는 남성들까지 화장품에 대한 관심이 지대하다.

나는 화장품 회사를 운영하고 있고, 내가 만든 화장품을 매일 바르면서 관리하고 있다. 피부과를 다닌 적은 있지만 지금은 중단한 상태이고, 에스테틱도 따로 다니지 않는다. 현재는 운동, 식이 조절과 함께 화장품과 나만의 피부 관리 방법만으로 관리한다. 내 피부는 또래에 비해 나름 괜찮다.

사실 화장품의 기능은 그리 대단하지 않다. 피부에 작용이 경미한 것이다. 세정제는 때를 씻어 몸을 청결하게 해줄 뿐이고, 기초 화장품은 피부를 보호하고, 유수분 밸런스를 맞춰준다. 일부 미백, 주름 개선, 자외선 차단 등의 기능을 높인 제품도 있다. 샴푸는 두피를 깨끗하게 해서 냄새가 안 나게, 두피에 염증이 안 생기게 도와준다. 샴푸가 탈모를 예방한다고? 일부는 맞고 일부는 틀리다. 탈모 자체를 예방하지는 못하지만, 두피가 깨끗해지면 염증이 덜 생기고, 샴푸의 시원한 성분이 두피에 좋은 자극을 줄 수 있어 탈모가 진행되려고 하는 것을 살짝 쉬게 만들어준다. 샴푸가 진짜 심한 탈모를 예방해줄 것 같으면 피부과나 두피 관리샵이 탈모 관리를 할 필요가 없을 것이다. 메이크업 화장품은 색조 메이크업을 통해 고민을 커버하고, 피부를 더 매력적이게 보이게 한다. 화장품에 뭐 특별한 게 있나?

그럼에도 불구하고, 화장품은 중요하다. 우리가 매일 사용하면서, 예뻐지기를 바라는 필수품이자 희망품이기 때문이다. 이 책에서는 '화장품의 실상'이라기보다, 화장품에 실제 어떤 성분이 들어가고, 어떤 역할을 하고, 어떤 제형을 만들어내며, 여러 가지 피부 타입에 따라 어떻게 사용해야 하는지를 알려주고 있다.

정확한 지식과 정보를 알고, 피부를 관리하다면, 그 효과와 만족도는 높아진다. 하루에도 수십 개의 화장품 회사가 생겨나고, 화장품의 종류도 많아졌다. 하지만 자신의 피부에 맞고 피부를 잘 가꿀 수 있게 해주는 화장품을 찾고, 매의 눈으로 좋지 않은 제품을 가려낼 줄 알아야 한다. 소비자가 똑똑할수록 제조사들도 똑똑해져, 더 좋고 다양한 제품을 만들어 낼 수 있다.

피부과 시술 받아야 할까?

유튜브를 하고 있는 나에게 가끔 상담 전화가 걸려 온다. 대부분 40~50대 여성들로, 그녀들의 레퍼토리는 대동소이하다. 간략하게 요약하면 다음과 같다.

젊을 때 피부는 정말 좋았다. 결혼하고 출산하면서, 가정에 온 정성을 다했다. 먹고 사는 것이 중요했다. 아이들을 잘 키웠다. 지금 아이들은 자신의 길에서 잘 살고 있다. 오드리의 블링블링 채널 영상을 봤다. 오드리는 피부에서 광이 나는데, 나는 문득 거울을 보니 할머니의 모습이다. 나도 예전의 영광을 되찾고 싶다.

그녀들의 이야기를 들어보면 마음이 애잔하다. 주위에 그들의 고충을 진심으로 이해해준 사람이 없기 때문일까? 우리 회사에 전화해서 일면식도 없는 내게 자신의 처지를 허심탄회하게 털어놓는다. 나는 이야기에 맞장구도 쳐주고, 자식이나 남편 일은 그만 챙기고, 자신을 위해서 살라고 조언도 해준다. 덧붙여 피부 관리도 열심히 하라고 방법도 알려준다. 그런데 그녀들의 고민 강도에 따라 화장품에 대한 조언은 조금씩 다르다.

지금의 상태를 받아들이고, 약간의 피부 개선을 원하는 그녀들에게는 내 브랜드 화장품이나 기존에 사용하고 있는 화장품에 섞어 바를 수 있는 화장품 원료를 추천한다. 만드는 방법까지 알려주면 그녀들은 정말 고마워한다.

그런데 너무 큰 고민을 하고 있는 분들이 있다. 뭔가 즉각적인 해결을 원하는 것이다. 이런 경우에는 가장 먼저, 피부과 또는 성형외과 상담을 추천한다. 화장품으로는 그 큰 고민을 해결해줄 수 없기 때문이다. 피부과 상담을 받으라고 말씀드리면 크게 웃으신다. 자신이 했던 말을 생각하면서 너무 큰 욕심이었다는 것을 인정하게 된다.

자신의 피부 고민이 스트레스로 작용한다면 누구에게나 피부과에서 상담을 받고 시술받기를 권장한다. 화장품은 피부를 유지하고, 관리하기 위한 수단으로 바르는 제품일 뿐, 있던 것을 없애고, 검은 것은 하얗게 만들 수 있는 약이나 기계가 아니다.

피부 고민이 자신의 삶을 힘들게 한다면, 피부과나 성형외과 시술을 적극 추천한다. 단, 지나치게 상업적인 병원은 피하는 것이 좋다.

시술 후 관리는 자신에 의해서 이루어져야 하며, 유지하기 위한 철저한 관리가 더 중요하다. 시술이 자신과 맞지 않는다고 판단되면, 재빨리 자신만의 방법을 연구하고 개발하여야 한다. 관리 루틴(화장품 사용, 피부 관리 방법, 운동, 식품)을 만드는 것이 좋고, 그 속의 화장품에 대해서는 얼마든지 내가 조언하고 도와줄 수 있다.

에스테틱의 피부 관리

에스테틱은 영어의 aesthetic으로 우리말 뜻은 '미적인, 심미적인, 미학의'이다. 우리나라에서는 피부 관리 분야에서 사용되는 용어로, 얼굴 마사지, 몸매 관리, 발 관리, 아로마 관리 등 모든 피부 관리를 아우르며 피부과 및 성형외과 내의 관리샵 또는 별도의 전문 피부 관리샵을 포함한다.

이곳은 피부 전문가, 전문 마사지들이 관리하기 때문에 문제성 피부를 개선하고자 할 때 효과를 얻을 수 있다. 피부 미백, 주름 개선, 여드름 개선, 탄력 개선 등 여러 가지 프로그램에 따라 사용하는 화장품 또는 기기 관리가 포함된다. 개인적으로 피부 관리에 자신이 없다면, 에스테틱에서 피부 관리를 받는 것이 좋다. 전문 관리를 받으면 확실히 효과가 나타나므로, 이후에 자신에게 맞는 화장품으로 홈 케어를 하면 더 예쁜 피부로 거듭날 수 있다.

마사지가 신체에 미치는 영향

① 근육을 이완하여 혈액 순환을 개선한다.

뭉친 근육의 근긴장을 완화시켜 근육 이완을 유도한다. 근육이 이완되면 통증이 줄어들고, 넓은 범위의 활동성과 자세를 만들어준다. 근육 이완과 함께 혈액 순환이 촉진되어 산소와 영영소를 근육으로 공급하고 인체 내 노폐물을 제거하는 효과가 있다. 피로 회복 속도가 증가하고, 신진대사가 촉진된다.

② 스트레스를 해소해준다.

보통 어깨가 뭉치거나, 각종 근육에 통증이 있는 사람들은 스트레스가 많은 사람이다. 편안한 자세로 누워서 받는 마사지는 몸의 긴장을 완화시키고, 피부를 누르거나, 문지르거나, 반죽함으로써, 느껴지는 감촉은 받는 사람에게 심리적 안정을 주어 스트레스를 해소해주는 역할을 한다.

③ 신경계 기능을 개선한다.

신경을 안정시키는 에센셜 오일과 블랜딩한 마사지 오일로 마사지를 받으면, 향기 성분이 호흡 기관을 통해 흡입되어 기관지를 확장시켜 호흡을 편하게 한다. 또한 마사지를 받는 동안 피부 촉감의 자극을 통해서 체내 염증 유발 물질인 사이토카인 분비를 억제하고 신경계 기능을 안정시키는 역할을 한다.

식습관과 피부의 관계

피부는 우리가 평소 어떻게 살고 있는지를 보여준다. 우리가 건강하게 살아가는 방식과 유해 환경에 노출되는 정도는 우리 피부에 반영된다. 식습관도 마찬가지다. 영양소가 부족하거나 과식하는 식습관은 피부 건강에 직간접으로 영향을 미친다. 불규칙한 식습관, 과식, 고열량, 고지방, 고당류 식습관 등은 피부 건강에 부정적인 결과를 가져온다.

채소와 과일 통째로 먹기

건강한 피부를 위해서는 음식은 가능한 자연에 가까운 형태로 섭취하는 것이 좋다. 가공되거나 조리된 것보다는 신선한 채소가, 속 알맹이보다는 이파리나 껍질이나 뿌리째까지 먹으면 다양한 영양소를 섭취할 수 있다.

특히 채소의 뿌리나 잎에 존재하는 피토케미컬은 식물의 입장에서 보면 자연적으로 가지고 있는 자체적인 생리활성물질, 인체로 말하면 호르몬과 같은 역할을 한다. 식물성을 의미하는 '피토(phyto)'와 화학을 의미하는 '케미컬(chemical)'의 합성어로, 각종 미생물과 해충으로부터 자신의 몸을 보호한다. 주로 채소나 과일의 색소, 향기 등을 만들어내는 성분으로 그 식물의 특징을 나타내기도 한다. 건강 관련 프로그램에서 빨간색, 노란색, 오렌지색, 검은색, 자색, 초록색 등 색깔있는 채소를 많이 먹으라고 하는 것이 피토 케미컬의 이점을 두고 하는 말이다. 사람이 이것을 섭취하게 되면 활성 산소를 막아주고, 세포 손상을 억제해 건강한 상태를 유지하게 한다.

유산소 운동과 피부의 관계

유산소 운동은 근육에 산소가 공급되어 지방과 탄수화물을 에너지화해서 소모하게 하는 전신 운동을 말한다. 운동 시간이 비교적 길고 움직이는 동안 계속 숨을 쉬는 운동이다. 심폐 지구력과 관련이 있고 지방을 줄여 비만을 해소하는 데 효과적이다. 보통 걷기, 자전거 타기, 댄스, 등산, 수영, 배드민턴 등이 포함되는데, 심박수와 호흡량을 증가시키므로, 심혈관 질환 위험을 감소시키는 가장 큰 이점이 있다. 심혈관 건강이 나쁘면 혈액 순환에 문제가 생길 수 있다. 이로 인해 피부 세포에 산소와 영양소를 충분히 공급하지 못하기 때문에 피부가 나빠진다. 반대로 유산소 운동을 통해서 혈액 순환 문제가 개선되면 피부 세포에 영양분과 산소가 공급되어, 피부 탄력과 윤기를 부여하게 된다. 또한 심혈관 질환은 스트레스와 불안을 야기할 수 있고, 피부 건강과도 연결된다. 유산소 운동을 하면서 분비되는 세로토닌과 엔돌핀 호르몬은 스트레스를 줄이는 동시에 피부가 건강해지는 데 도움이 된다. 아무튼 유산소 운동은 심혈관계를 튼튼하게 하는가 하면, 마인드와 피부까지 좋아지게 해 한번에 3마리 토끼를 잡을 수 있다.

열정 그리고, 호기심

40대 이후의 나이라면, 비슷한 경험을 해 본 적이 있을 것이다. 무릎이 아프면 더 아플 것이 두려워 우울해지고, 움직이지 않고 누워있기만 하다 다시 신체 건강이 악화되는 상황이 되풀이된다.

대학생 3,478명을 대상으로 했던 고려대학교(김현정, 고영건)의 한 연구에 의하면 정신 건강이 양호한 집단이 나머지 3집단(정신 장애 집단, 중간 수준의 정신건강 집단, 정신적 쇠약 집단)에 비해 감기에 걸린 횟수 및 감기 심각도 등 일반적인 신체 건강 관련 증상들에서 상대적으로 더 양호한 결과를 나타냈다.

개인적으로 피부 관리에 관심이 많고 나이보다 젊은 외모를 가진 이들로부터 발견한 특별한 한 가지가 있다. 그것은 그들의 열정과 호기심이 비단, 피부와 화장품에만 국한된 것이 아니라는 것이다. 그들은 자신이 관심있는 분야에 대한 호기심도 많고 열정이 많다. 피부에 관심이 많다는 것은 자신의 가치를 다른 사람에게 알리고 싶은 사람이고, 사회 생활에 적극적으로 참여하고 싶다는 것, 나아가 행복한 삶을 최고의 가치로 둔다는 것을 의미한다.

"인간은 사회적 동물이다"는 고대 그리스 철학자 아리스토텔레스의《정치학》에서 유래한 말이다. 아리스토텔레스는 인간은 생물적으로도 정신적으로도 사회적 상호 작용이 필요한 동물이며, 개인적인 욕구를 충족시키기 위해서는 다른 사람들과의 상호작용이 필요하다는 것을 강조하고 있다. 인간이 타인과의 상호 작용을 통해 지식과 경험을 공유하고, 더 나은 삶의 방향성을 찾을 수 있다는 것을 의미한다. '피부가 예뻐지고 싶다, 건강해지고 싶다'라는 의지가 있다는 것은 타인과의 상호 작용을 통해 더 가치있는 삶의 방향을 찾고 있다는 것을 의미한다고 할 수 있다. 이 책을 찾아 읽고 있는 여러분은 이미 삶에 대한 가치와 열정을 가진 사람들이다.

더 궁금한 내용은

▶ '오드리의 블링블링'에서 만나요!

에필로그

진정한 동안 피부에 대한 오드리의 단상

40대 이후의 얼굴은 본인 책임

사람들과 이야기를 해보면, 많은 사람들이 과거를 그리워한다. 나 역시 그렇다. 그 시절이 설령 경제적으로 지금보다 어려웠을지라도 추억이 있고, 감성이 있고, 정이 있었다고 생각한다. 지금과 비교하면 사회 통념적으로 보수적이어서 힘들고 불합리함이 많았음에도 불구하고 말이다. 하지만 과거를 그리워하는 가장 큰 이유는 자신이 지금보다 젊었기 때문이 아닐까? 피부도 예뻤고, 몸도 날씬하고 건강했으며, 무엇보다 하고 싶은 일이 많았을 것이다. 시간이 지나면서 결혼을 하고, 출산과 육아, 직장 생활을 병행하면서 개인적인 관리, 자신에 대해 투자할 시기를 놓친 사람들이 많다. 그 누구보다도 가정과 업무에 충실하며 열심히 살아오다 어느 날, 우연히 거울에서 자신의 모습을 보고 놀랐다는 여자들. 그들은 한결같이 그동안 왜 좀 더 자신을 돌보지 않았는지 후회가 된다고 한다. 거울을 보라. 거울 속의 여러분은 본인이 생각하기에 매력적으로 보이는가? 지금 40대 이상이라면 여러분의 얼굴은 본인이 만든 것이다. 인생은 누구에게나 쉽지 않다. 스트레스를 많이 받아서, 운동할 시간이 없어서, 아이들을 돌보느라, 경제적 여유가 없어서 등등 여러 핑계를 대면서 자기 합리화를 하고 있지 않는지 생각해봐야 한다. 여러분은 '라떼는 말이야'만 얘기하는 꼰대는 아닌가? 지금도 늦지 않았다. 어떤 일을 시작하기에 늦은 나이는 없다. 지금이 우리의 인생에서 가장 어리다. 라떼를 버리고, 피부 관리를 당장 시작할 최적의 나이다.

피부 관리가 필요한 이유

대부분의 40대 이상 사람들은 피부와 건강에 높은 관심을 가지고 있다. 노화의 시작 시점은 개인차가 있지만, 일반적으로 20대 후반에서 30대 초반인데 노화를 체감하는 나이는 보통 40대 이후다. 내 주위에도 "30대에는 안 그랬는데, 지금은 뭔가 불편하다. 병원을 다닌다. 약을 먹고 있다."라고 말하는 사람들이 점차 늘어나고 있다. 국제연합(UN)은 65세 이상을 노인으로 규정하고, 노인 인구가 전체 인구 중에서 차지하는 비율이 7% 이상이면 고령화 사회, 14% 이상이면 고령 사회, 20% 이상이면 초고령 사회로 분류한다. 현재 우리나라는 고령 사회[1]이다. 통계청은 대한민국이 2024년 말~2025년

1 2022년 9월 기준, 17.8%

초반에 전체 인구 대비 노인 인구비가 20%에 달해 초고령 사회에 도달 것으로 전망하고 있다. 노인 인구가 많아진다는 것은 우리의 삶에도 많은 시사점을 준다. 낮은 출산율은 생산 가능 인구의 저하를 가져오고, 사회적으로 노인에 대한 부양 의무를 무겁게 한다. 우리가 나이 들어도 젊은 세대에 뭔가 바라서는 안 된다는 이야기다. 건강도 자기가 알아서 챙기고, 나이보다 젊은 외모로 관리하는 것도 이제는 선택이 아니라 필수다.

산업화에 따른 각종 유해 환경과 기상 이변은 피부가 제 역할을 하지 못하는 요인이 되고 있다, 피부가 건강하지 못하면, 병이 없어도 외모에 여러 가지 변화(주름, 색소 침착, 홍조, 건조증 등)를 가져온다. 이것은 또 다른 스트레스의 원인이 될 수 있다. 몸이 건강하면 '피부가 건강하다'라는 말과 함께 피부를 관리하면 몸이 건강해진다는 말도 일리가 있다.

'동안 피부'는 기본적인 건강한 라이프 스타일에서 나온다. 지금 당장 피부가 좋지 않더라도, 피부를 관리하다 보면 신체와 정신적 건강에 좋은 영향을 미치기 때문에 건강도 좋아지고, 생활에 활력이 붙는다. 다른 사람에게 보여지는 이미지도 좋아지고, 자신감과 긍정적인 자아 이미지 형성에 도움이 되므로 사회를 발전시키는 데도 도움이 된다.

네버랜드의 피터 팬이 되고 싶은 사람들

매년 11월이 되면, 서울대학교 생활과학연구소 소비 트렌드 분석센터에서는 한국의 소비 트렌드와 패턴, 소비자들의 행태를 분석한 책 《트렌드 코리아》를 출간한다. 2023년 한국 트렌드 중에는 '네버랜드 신드롬'이 있다. 영원히 아이의 모습으로 사는 피터 팬과 그 친구들이 사는 곳이 네버랜드인데, 한국 사회가 그 네버랜드로 변해가고 있다. 어리게 보이기 위해서라면 무슨 일이든 하는 열정이 일부의 취향이 아니라 사회 전체의 사고 방식과 생활 양식이 되고 있다. 실버 화장품과 액티브 시니어active senior에 대해서도 생각해볼 필요가 있다. 그들은 기존의 노인이기를 거부하며, 외모적으로나 정신적으로나 지금의 상태를 유지하거나, 더 어려지려고 애쓰면서, 활기찬 삶을 즐긴다. 피부, 패션, 스타일 모든 것을 젊은 세대의 것을 그대로 받아들이고, 자신의 라이프 스타일에 따라 소비재를 구매하는 경향이 있다. 40대 여성이니까 백화점 3층 매장(주로 고가의 여성 의류 매장이 있음)으로 직행하지 않는다. 오히려 자녀들과 비슷한 스타일의 옷을 입거나 함께 입는다. 50대이니까 무난한 색깔의 운동화로 선택하는 시대는 지났다. 50대더라도 파워 워킹을 즐기면 자신이 좋아하는 주황색 워킹화를 산다. 70대더라도 평소 사진 촬영을 즐긴다면 드론 촬영도 도전한다.

나는 주말이면 동네 주변의 산을 오른다. 같은 산을 여러 번 오르다보니, 풍경이 더 멋진 다른 지방의 산도 도전해보고 싶다는 생각이 들었다. 인터넷 카페의 지역 등산 동호회에 가입했다. 그곳에서 만난 사람들은 활기차고 실제 나이보다 훨씬 젊어 보인다는 공통점이 있었다. 실제 건강한 신체가 없다면, 아무리 피부가 좋아 보여도 전체적인 이미지는 어려보이지 않는다.

나는 피부와 화장품 관련 일을 하고 있기 때문에, 많은 고객들을 만난다. 일상에서 사람을 만나도 그들을 나름 관찰하고, 건강이나 관리 방법에 대한 것도 다양하게 물어본다. 그들과의 대화에서 건강 관리, 식습관, 행동, 말투, 마인드가 피부에 상당 부분 영향을 미친다는 것을 알게 되었다.

건강하고 아름다운 피부를 갖고 싶은가? 땀이 나는 유산소 운동을 시작해라. 그리고 좋은 음식을 챙겨 먹어라. 그리고 현명한 화장품 사용으로 피부 관리를 병행해라. 이 3가지가 당신의 피부를 조금씩 변화시켜줄 것이다. 노력하다 보면 건강한 몸과 매력적인 외모, 자연스럽게 뿜어져 나오는 자신감에 본인이 반할지도 모른다.

부록

1

화장품 성분 최신 트렌드 & 핫한 화장품 성분

2

알아두면 쓸모 있는 화장품 상식 모음

3

화장품 포장재에서 많은 정보 얻기

4

화장품 회사 구분하기

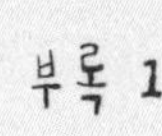

부록 1

화장품 성분 최신 트렌드 & 핫한 화장품 성분

유행하는 화장품 성분

화장품은 제조 기술의 발전과 함께 새롭고 더 좋은 성분이 지속적으로 개발되어 왔으며, 화장품 속 성분들은 트렌드에 따라 변화를 거듭한다. 신기술이 적용된 원료가 효과 면에서 더 뛰어나거나, 안전한 성분이 개발되어 사용되기도 한다. 하지만 이전과 비슷한 효과를 내는 원료들임에도 새롭게 개발된 원료를 사용했기 때문에 화장품 가격이 올라가는 단점도 생긴다. 2000년대 들어와서 인체에 해가 없는 원료, 2010년 이후에는 환경에도 피해가 되지 않는 원료에 대한 관심을 가지기 시작했다. 2020년대에는 다음 세대에도 지속 가능한 화장품 원료와 사회적 책임에 대한 인식을 하기 시작했다.

천연 원료

천연 원료는 피부에 자극이 적고, 피부 본연의 기능을 강화하는 데 도움을 줄 수 있다. 나는 2005년부터 천연 화장품, 비누 만들기 강의를 시작했다. 직접 만들어 사용하는 제품에는 천연 원료의 함량을 높일 수 있다. 만들고 나서 바로 사용하므로 장시간 유통 및 보관 과정에서 생길 수 있는 화학적 반응이나 산패를 우려할 필요가 없기 때문이다. 이 말은 화장품 회사에서 생산하는 제품에는 화학적 반응과 산패를 방지하는 화학 성분이 포함될 수밖에 없다는 뜻이다. 그럼에도 불구하고 천연 성분에 대한 트렌드가 지속되고, 수요가 증가하면서 화장품 회사들은 시판되는 화장품에도 천연 원료의 함량을 높이기 시작했다.

유기농 원료

천연 원료 중 재배 과정에서 화학 비료, 농약, 제초제 등을 사용하지 않고 재배한 원료를 유기농 원료라 한다. 최근에는 유기농 화장품을 찾는 소비자가 늘고 있다. 화학 물질이나 인공 성분이 들어간 제품을 사용했을 때 피부 트러블이나 알레르기 반응을 경험했던 사람들이 선호하게 된다. 유기농 화장품은 식약처에서 정하는 기준에 따라 인증을 받아야 하고, 인증을 받으려면 유기농 원료의 함량, 제조 공정, 포장 등 다양한 기준을 충족해야 한다. 유기농 성분은 일반 성분보다 가격이 비싸므로 화장품 가격도 높은 편이다.

효능 원료

사람들은 개인마다 피부 고민이 많다. 화장품이 유수분 밸런스를 유지하는 기능 외 피부 고민을 바로 해결해줄 수 있는 특별한 효능들을 가지고 있기를 바란다. 소비자는 미백, 주름 개선, 탄력 개선, 여드름 예방, 피지 조절, 건조증 개선, 자외선 차단 등 기능성 화장품에 사용되는 원료나 기능이 있는 원료가 함유된 화장품을 선호한다. 자연스럽게 관련 원료의 개발이 지속적으로 이루어져 왔고, 앞으로도 새로운 효능을 가진 신원료들이 출시될 것이다.

비건 원료

채식주의자의 증가와 함께 화장품에 있어서도 가능한 동물성 원료를 사용하지 않고, 동물 실험을 하지 않는 비건 화장품이 관심을 끌고 있다. 비건 화장품은 천연 또는 유기농 화장품과 조금 다른 부분이 있다. 비건은 동물성 원료를 사용하지 않는 것이 원칙이나, 화학적 합성 원료의 사용은 가능하다. (천연 또는 유기농 화장품은 화학적 합성 원료를 배제하고 동식물 또는 동식물 유래 원료를 95% 이상, 유기능 원료는 유기농 원료 10%를 포함한 것이다.)

계면활성제에 대한 오해와 진실

사실 우리는 계면활성제를 매일 사용하고 있다. 사용하지 않는 사람은 거의 없다고 말할 수 있다. 계면활성제는 섞이지 않는 두 경계면을 활성화해서 섞일 수 있게 해주는 물질이다. 이를테면, 기름과 물처럼 잘 섞이지 않는 두 물질이 섞일 수 있게 해주는 것이다.

계면활성제는 세탁 세제, 주방 세제, 샴푸, 치약, 화장품에 사용되는 기본 성분이고, 생크림 등 유화제가 필요한 식품이나 청소용 제품, 농업용 농약, 석유 가스 같은 산업용 제품에도 대부분 포함되어 있다. 계면활성제 자체가 안전하다고 말할 수 없지만 인체에 자극이 되는 것은 주로 공업용으로 사용되고, 인체용으로 사용 허가가 나지 않는다. 그러므로 식품과 화장품에 사용되는 계면활성제는 안전하다고 할 수 있다. 계면활성제 자체를 넣어 식품과 화장품이 만들어지는 것은 아니다. 각 제품에 따라 계면활성제 권장 비율이 있고, 이에 맞게 사용되어 제조된다. 또한, 인체에 사용할 수 없는 원료는 식약처의 관리 감독을 받기 때문에 제조자가 함부로 허가되지 않은 계면활성제를 마음대로 사용할 수 없다.

기름과 물을 섞어주는 계면활성제

계면활성제! 진실이 알고 싶다. O X 퀴즈

1. 계면활성제는 유해 물질이다.

용도에 맞게 적절한 양과 사용법을 지키기만 하면 안전하다.

2. 계면활성제는 모든 피부에 적합하지 않다.

피부 타입에 맞는 계면활성제는 사용하면 안전하다.

3. 계면활성제의 유해성은 심하면 암을 일으킬 수 있다.

원료에 따라 다르고, 암을 일으킨다는 연구가 있다면, 바로 사용 금지 원료가 되기 때문에, 시판되는 제품에 암을 일으키는 원료가 함유될 수 없다.

4. 계면활성제는 우리 생활에 필수품이다.

우리 생활용품 전반에 사용되고 있고, 화장품에는 여러 종류의 계면활성제가 포함된다.

5. EWG 안전등급이 높은 자연 추출 계면활성제는 자연 원료이므로 깨끗이 헹구지 않아도 된다.

합성이든, 자연 유래든 세정용 계면활성제는 깨끗이 씻어내야 한다.

6. 계면활성제를 정확히 알고, 올바르게 사용하면, 피부 건강에 도움이 된다.

거의 모든 화장품에 계면활성제가 포함된다. 제시된 사용 방법대로 사용하면 건강한 피부를 유지할 수 있다.

성능이 우수한 합성 계면활성제, 왜 사라지나?

사람들은 계면활성제가 피부에 과도하게 자극을 준다거나, 탈모 증상을 일으킨다거나, 심지어 발암 물질로 오해하는 경우가 많다.

이 중에서 유해성의 논란에 있는 것은 세정제, 그중에서도 샴푸에 사용되는 '소듐라우레스설페이트'이다. 이 원료의 특징은 세정력에 있다. 두피에 피지가 많은 경우에는 깨끗하게 세정하기 때문에 효능면에서는 아주 우수하다. 인터넷에서 논란이 많아서 나도 화장품 개발 과정에서 이 원료 대신에 다른 천연 유래 계면활성제로 대체할 원료를 찾아서 전문가의 자문을 구해보니, '세정'이라는 효능면에서 이 원료가 가장 우수하다고 입을 모았다. 그런데 이 원료가 과도한 각질을 탈락하게 하여 탈모를 유발하게 한다는 주장들이 있다. 인터넷에는 이미 이 원료가 유해하다는 정보뿐이고, 이제 화장품 회사들마저 가세해, '설페이트(소듐라우레스설페이트) Free'를 내세우고 있다.

자료를 조사하는 과정에서 궁금한 게 생겼다. 규모가 꽤 큰 화장품 제조 회사의 연구원들이 이 사실을 이미 알고 있다. 연구원들은 '세정제에 사용하는 계면활성제는 권장 용량을 사용하고, 잘 씻어내기만 하면 탈모를 유발시키지 않는다'는 사실을 알고 있으면서, 팩트 주장을 공공연히 하지 않는다. 화장품 회사는 고객이 B 원료가 싫다고 하면, 사실 B 원료가 효과가 좋고 문제가 없더라도 화장품에 굳이 사용하지 않을 뿐인 거다.

발전하는 바이오 기술

바이오 화장품은 인공적으로 합성한 화장품과는 다르게 생물이 자연적으로 만들어내는 물질(천연 성분 또는 대사 산물)을 응용한 생명공학 Biotechnology·BT을 적용해 만든 화장품을 말하는 것으로, 화학 기술을 이용한 기존의 화장품보다 피부에 안전하게 인식되고 있다. 바이오 화장품에서 활용할 수 있는 바이오 기술은 미생물 배양, 유전자 재조합, 발효 기술, 줄기세포 기술 등이 있다.

지금 우리가 사용하는 화장품에서도 원료의 이름을 살펴보면, 바이오 화장품을 이미 사용하고 있다는 것을 알 수 있다. 아세틸헥사펩타이드-8, 올리고펩타이드 등 펩타이드로 끝나는 이름을 가진 화장품 원료나 ○○ 발효 여과물, △△ 발효 용해물처럼 미생물을 이용하여 추출한 원료, 줄기세포 배양 원료들을 사용하여 만든 화장품들이 그 예다.

화장품 트렌드에서 미래에도 지속가능한 원료 수급과 안정성의 입장에서 보았을 때, 바이오 화장품 발전과 바이오 화장품 원료의 기술 개발은 가속화될 것이다. 바이오 의약과 화장품이라면 건강한 몸과 더불어 탱탱한 피부를 가진 노년의 삶, 멋진 신세계를 만들어주지 않을까 기대해본다.

핫한 화장품 성분들

트라넥삼산(트라넥사믹애시드)

트라넥사믹애시드Tranexamic Acid는 혈액 응고를 촉진하는 약물로서 의료 분야에서 주로 출혈 제어에 사용되지만, 피부과에서 색소 침착 시술과 동시에 복용을 권장하는 치료 약물이다. 피부에 적용 시 멜라닌 합성을 억제하여 기미 관리에 도움이 된다. 트라넥사믹애시드는 미백 의약품 원료인 하이드로퀴논과 비교했을 때, 색소 침착에 좋은 효과를 보이고 자극이 적어, 화장품업계의 관심이 높아지고 있다. 우리나라의 미백 기능성 원료로는 고시되어 있지 않지만, 외국에서는 미백 원료로 화장품에 많이 사용되는 원료다. 권장 사용량은 2~5%이다.

세라마이드

피부 장벽을 튼튼하게 유지하게 하는 세포간지질의 주요 성분으로 피부를 촉촉하게 하기 위한 대표적인 보습 원료다. 2010년대부터 지속적으로 인기가 있었지만, 겨울철 기본 보습 원료로 사용된 화장품이 여전히 많이 출시된다.

아토피와 건성 피부에 꼭 필요한 성분이므로 효과를 증진시킬 수 있는 다양한 세라마이드 원료가 개발 및 상용화될 전망이다. 세라마이드의 함량도 다양해서 여러 가지 제형에 응용하여 피부 사용감을 증진시킨다. 함량이 적은 세라마이드는 스킨, 에센스, 세럼, 앰플 제형에, 함량이 높은 세라마이드는 크림이나 밤 제형에 사용하면 좋다.

보르피린

보르피린은 화장품 원료 기업으로 유명한 프랑스 세더마사의 피부 탄력 강화 원료다. 아시아에서 생산되는 백합과 식물인 지모 뿌리에서 추출한 성분과 하이드로제네이티드폴리이소부텐(오일 점도제)을 배합하여 만든 원료다. 처진 피부의 탄력 개선에 도움을 주는 성분으로 가슴, 목, 눈가 등 지방 성분이 없어, 꺼진 부분에 지속적으로 사용할 수 있다. 지방 성분으로 일반적인 지모 추출물과는 다르다. 오일 성분으로 에센스 단계보다는 로션이나 크림 단계에서 최소 28일 이상 함께 바르면 효과적이라는 세더마의 자체 실험 결과가 있다.

바쿠치올(보골지 추출물)

바쿠치올Bakuchiol은 인도에서 자생하는 식물, 보골지Psoralea corylifolia의 씨앗에서 추출한 성분이다. 안티에이징(노화 예방)과 관련해 이 성분을 한 번쯤 들어봤을 것이다. 이 식물은 고대 인도 왕실의 아유르베다 요법과 중국의 한의학에서 오랫동안 사용해온 성분이지만, 레티놀과 비슷한 효과를 보여준다는 연구가 알려지면서 인기 원료로 등극했다.

비타민 A의 유도체인 레티놀은 주름, 잔주름, 고르지 못한 피부 톤, 여드름과 같은 다양한 피부 고민에 효과를 가져다주는데, 일부 민감 피부에는 피부 붉어짐, 건조함, 각질 유발 등 자극적일 수 있어서 함부로 사용할 수 없는 화장품 원료다. 바쿠치올은 레티놀과 다른 구조이지만 유사한 유전자 발현을 통해 콜라겐 재생, 미백 작용, 각질 제거, 항염, 강력한 항산화, 자외선 차단 등 유사한 효과가 있다. 뿐만 아니라 각질 생성이나 피부 자극이 없고 자외선에도 안정적이다.

바쿠치올 성분을 에센스, 세럼, 앰플에 일부 1~3% 정도 섞어서 사용해도 되고, 기존의 레티놀 크림에 섞어서 사용해도 된다.

아줄렌(구아이아줄렌)

저먼 카모마일 에센셜 오일 안에는 카마줄렌이라는 항염 성분이 들어있다. 저먼 카모마일 오일의 색깔이 블루 색을 띄는 이유이기도 하다. 우리나라에는 카마줄렌 성분이 화장품 성분으로 별도로 등재되어 있지 않아, 비슷한 효능을 지닌 구아이아줄렌을 사용한다.

아줄렌의 유도체인 구아이아줄렌은 일부 에센셜 오일, 주로 구아이악 오일과 카모마일 오일의 구성 성분인 세스퀘테르펜 탄화수소다. 항염, 항균, 항산화 작용과 피부 진정 및 보호 효과가 있어 피부염, 여드름, 화상 등에 사용되는 화장품과 의약품의 원료로 사용된다. COVID-19나 미세 먼지와 관련하여 마스크 때문에 나타나는 피부 트러블과 아토피 피부염을 완화하기 위해 아줄렌을 사용한 제품이 관심을 받고 있다.

펩타이드 & 성장 인자

바쿠치올과 마찬가지로 피부 노화나 주름에 관련한 피부 고민이 있는 사람들은 펩타이드peptide 성분에 관심을 가지고 있다. 피부 성장 인자들도 펩타이드의 일종으로, 피부 시술을 받고 난 뒤 바르는 피부 재생용 크림, 미용 기기로 피부에 유효 성분을 흡수시키기 위한 재생 앰플의 주요 성분으로 사용된다. 펩타이드의 인기에 힘입어 피부에 좋은 새로운 펩타이드가 앞다투어 개발되고 있다. 펩타이드란? 간단히 말해, 단백질의 하위 개념으로 아미노산이 2개 이상 결합된 것을 펩타이드라고 한다. 펩타이드, 아미노산, 단백질 3가지 모두, 사실상 같은 물질이나 분자 구조의 덩어리 크기에 따라 다르게 불린다. 크기 순으로 하면 '아미노산 → 펩타이드 → 단백질'이다.

피부의 재생을 도와주기 때문에, 이런 펩타이드 원료는 가격이 상당히 비싸다. 펩타이드 실제 100% 원료는 매우 고가다. 그래서 원료 제조 회사들은 정제수에 극소량의 펩타이드를 녹이고 일부 보존제를 넣어, 펩타이드 액체를 판매한다. 펩타이드 함량에 따라 1ppm(0.0001%), 10ppm(0.001%)이 주로 판매된다. 함량이 좀 더 높은 것이 이론적으로 효과가 좋으니, 여건이 된다면 10ppm을 사용하는 것을 추천한다.

펩타이드도 종류에 따라서 그 효과가 조금씩 달라지기 때문에, 자주 사용되는 펩타이드의 효능을 확인하고 사용하는 것이 좋다.

펩타이드의 종류

1) EGF(상피세포성장인자): 에스에이치-올리고펩타이드-1(sh-Oligopeptide-1)

표피 성장 인자로 상피세포의 증식을 촉진하여 피부 재생 주기를 원활하게 하는데 도움을 준다. 피부 장벽을 강화시켜 주며 피부결과 톤을 개선시키는데 도움을 준다.

2) FGF(섬유아세포성장인자): 에스에이치-폴리펩타이드-1(sh-Polypeptide-1)

각질 형성 세포의 분열과 성장을 촉진하고 섬유아세포를 자극하여 콜라겐, 엘라스틴, 파이브로넥틴(세포외기질에 존재하는 단백질)의 합성을 촉진하여 주름을 예방하고 손상된 진피 개선, 피부를 보호 및 강화, 피부 재생에 관여하여 손상된 피부의 속과 겉을 개선한다.

3) IGF(인슐린유사성장인자): 에스에이치-올리고펩타이드-2(sh-Oligopeptide-2)

다양한 세포 생리적 기능을 수행하며 EGF 및 기타 성장 인자들과 연합하여 피부 세포의 성장과 분열을 돕고 진피 내 콜라겐, 파이브로넥틴, 엘라스틴 및 케라틴의 생성을 도와 노화 방지와 주름을 예방한다. 건강한 모발 형성을 도와주며 모발 손상과 탈모를 예방하는데 도움이 된다.

4) 아세틸헥사펩타이드-8: Acetyl Hexapeptide-8

피부의 콜라겐이나 엘라스틴의 손상을 억제, 탄력을 향상시켜서, 근육의 신경세포에 직접 작용, 피부 주름 개선에 도움이 된다.

5) 팔미토일펜타펩타이드-4: Palmitoyl Pentapeptide-4

피부의 강도와 유연성의 성분인 글리코사미노글리칸 (glycosamimoglycan), 콜라겐의 합성을 돕는다.

6) 카퍼트라이펩타이드-1: Copper Tripeptide-1

GHK-Cu로도 알려진 구리 트리펩타이드-1은 글리신, 히스티딘, 그리고 라이신의 세 가지 아미노산으로 구성된 자연적으로 생성되는 펩타이드다. 콜라겐과 엘라스틴 생성을 자극하여 주름 개선에 도움이 되고, 안티에이징 효과가 있다.

단백질은 진피의 콜라겐, 엘라스틴과 함께 우리 피부를 형성하는 기본 요소다. 펩타이드와 단백질이 없다면, 예쁜 피부가 유지될 수 있을까? 피부가 늘어지고, 주름이 생기고, 피붓결이 거칠어지고 등등. 이런 피부가 고민이라면, 펩타이드 성분을 열심히 바르는 것이 좋고, 단백질 섭취도 함께 라면 더욱 좋다.

펩타이드 성분을 화장품에 사용하는 가장 좋은 방법은 에센스, 세럼, 앰플처럼 점도가 낮은 제형과의 혼합이다. 이런 제형과 성분 일부를 섞어서 사용하거나, 다른 베이스 원료에 펩타이드와 점증제를 일부 혼합하여 세럼 제형을 직접 만들어도 좋다. 펩타이드 성분은 열과 빛에 약하기 때문에, 구입 후에는 가급적 빨리 사용하는 것이 좋으며, 냉장 보관을 권장한다.

글루타치온

유명 연예인과 의사 출신 기업가가 크게 광고하고 있는 건강 기능 식품의 하나다. 글라이신, 시스테인, 글루탐산 3가지 아미노산이 결합한 물질이다. 간에서 자연적으로 생성, 신체의 면역 체계를 보호하고, 활성 산소를 억제하여 피부 건강을 개선하는 효과가 있다. 건강 기능 식품으로 먹기도 하고, 화장품 원료로 피부에 바르기도 한다. 특히 화장품에서는 안색을 개선하여 미백 작용이 탁월하기 때문에 미백 콘셉트 화장품에 포함되는 원료다. 글루타치온Glutathione은 미백 효과뿐 아니라, 주름 개선, 항염증 효과가 있어 여드름과 같은 피부 문제에도 도움이 된다. 그러나 원료 자체의 특이취가 있어서 화장품에는 다량 사용하지 못하는 단점이 있다.

스쿠알란

피부의 피지와 같은 오일 성분으로 알려진 스쿠알란은 스쿠알렌을 수소화하여 얻어진 물질이다. 스쿠알렌은 심해 상어의 간유에서 추출하므로 동물 환경과 윤리적 이슈가 있고, 구조적으로 불안정하여 산패가 빠르다는 단점도 있다. 이런 단점을 보안하기 위해 올리브, 사탕수수에서 추출한 식물성 스쿠알란이 개발되었다.

스쿠알란은 피부에 발랐을 때 끈적이지 않고 가벼우며, 보습력도 뛰어나다. 이런 특성 덕에 나이가 들수록 피지 생산량이 감소하는 건조한 피부에 보습과 안티에이징 효과가 있다. 피지와 성질이 비슷하여 발랐을 때 피부에서 생성되는 피지량을 조절하고, 모공도 막지 않아 여드름이나 지성 피부에도 안심하고 사용할 수 있다. 스쿠알란 원료를 기존에 사용하고 있는 화장품에 섞어 바르거나 페이셜 오일 대용으로 사용 가능하다.

최근에는 클린 뷰티 트렌드의 영향으로 사탕수수의 당을 발효시켜 추출된 스쿠알란이 친환경적이고, 지속 가능한 원료라는 점에서 더욱 각광 받고 있다.

부록 2

알아두면 쓸모 있는 화장품 상식 모음

화장품 소비 트렌드의 변화

2019년 말 코로나 팬데믹 이후 사람들은 마스크 착용 때문에 예전에 없던 피부 트러블과 피부가 점차 민감해지는 것을 경험했다. 유해 환경, 안전하지 않는 물질에 의해 트러블과 민감한 피부로 고민하는 소비자들은 좀 더 안전한 화장품 성분에 대한 관심을 갖게 되었다. 젊은 세대를 중심으로 환경에 대한 책임감을 인식하고 인간에게 해를 끼치지 않는 클린 뷰티Clean beauty 트렌드가 확산되었다. 그들은 유해 성분의 배제, 동물성 원료 사용 배제, 동물 실험 반대, 미세 플라스틱 성분 제외, 재활용 용기 사용, 공정 무역 등 환경과 윤리적인 가치를 포함한 화장품을 소비하고 있다.

환경 친화를 강조하는 트렌드를 반영하는 화장품으로 천연 화장품과 유기농 화장품, 비건 화장품, 마이크로바이옴 화장품 등이 있다.

우리나라 화장품법에 따르면, 천연 화장품은 화학적 합성 원료가 아닌 동식물 및 동식물 유래 원료를 95% 이상 함유한 것을 말한다. 유기농 화장품은 동식물성 원료를 포함해 유기농 원료를 10% 이상 함유한 것이다.

비건 화장품의 경우 천연 화장품 또는 유기농 화장품과 비슷한 의미로 받아들이는 소비자들이 많지만, 실제로는 다른 의미다. '동물의 피부와 조직에서 추출한 콜라겐, 꿀벌이 만든 꿀과 꿀벌집에서 추출한 벌집 왁스bee's wax, 우유에서 추출한 카제인, 양털에서 추출한 라놀린 등과 같은 원료들도 사용하지 않는다'라는 것이다. 화장품 회사들은 마케팅 과정에서 크루얼티 프리Cruelty Free라는 용어을 사용하며, 자신의 제품은 '동물 실험을 하지 않는다', '동물 실험을 반대한다'는 것을 강조한다. 비건 화장품은 동물 실험에 반대하는 컨셉을 가지고 있기 때문에 동물성 원료를 사용하지 않는 것이지, 천연이나 유기농 화장품에서 말하는 천연 성분, 천연 유래 성분만을 사용한 것은 아니다. 비건 화장품과 크루얼티 프리는 그 인증을 받기 위해 비용이 발생한다. 그 비용은 고스란히 소비자가 구매하고 있는 화장품 가격에 반영된다.

요즘 '마이크로바이옴'이라는 단어를 붙인 화장품도 쉽게 찾아볼 수 있다. 마이크로바이옴은 미생물microbe과 생태계biome를 합친 단어로, 사람의 인체나 동식물의 내부 또는 자연계 전반에 서식하는 미생물과 유전 정보를 의미한다. 사람은 DNA나 지문처럼 각기 다른 마이크로바이옴을 가지고 태어나고, 세월에 따라 변화하게 된다. 피부 장벽과 스킨 마이크로바이옴(피부의 다양한 미생물)은 유해 환경으로부터 피부를 보호해주는 방패 역할을 한다. 미세먼지, 자외선, 호르몬 불균형이나 잘못된 식습관과 생활 습관은 피부에 있는 마이크로바이옴의 밸런스를 무너뜨려, 각종 피부 트러블(피부 건조, 여드름, 주름 등)을 유발한다. 본연의 피부로 돌아가려면, 피부에 살고 있는 미생물들이 균형을 잘 이루고 있어야 한다.

마이크로바이옴 기술은 프리바이오틱스prebiotics, 프로바이오틱스probiotics, 신바이오틱스synbiotics, 포스트바이오틱스postbiotics 이렇게 4가지 종류로 나누어진다.

마이크로바이옴의 분류

1. 프리바이오틱스(prebiotics)
유익한 미생물의 성장을 도와주는 성분
(대두올리고당, 프락토올리고당, 갈락토올리고당, 자일리톨 등)

2. 프로바이오틱스(probiotics)
건강에 좋은 효과가 있는 살아 있는 균
(유익균, 락토바실러스, 비피도박테리움 등)

3. 신바이오틱스(synbiotics)
프리바이오틱스 + 프로바이오틱스
➜ 효과 증대

4. 포스트바이오틱스(postbiotics)
인체 유익균 유래 물질로, 유산균이 프리바이오틱스(먹이)를
먹고 배설한 사균체(죽어있는 균)

제약회사나 피부과 전문의가 개발하는 화장품

예전에는 화장품은 화장품 회사가 만들고, 약은 제약 회사가 만들었다. 그런데 지금은 제약 회사에서도 화장품 개발에 매우 적극적이다. 돈이 되기 때문이다. '약도 만드는데, 화장품은 얼마나 잘 만들겠어?'라는 이미지를 소비자들에게 어필한다. 일단 제약 회사 화장품을 구매하는 소비자들은 그들의 전문성을 높이 평가한다. 제약 회사 화장품이 당연히 더 좋을 것이라는 기대 심리가 있다. 의사, 약사가 개발했다고 해도, 그들은 유효 성분을 연구하고 조성하거나 마케팅에 참여하는 것이지, 실제 제조에 관여하는 것은 아니다.

사실 의사나 약사들이 화장품을 개발한다고 해도, 다른 화장품 회사가 사용하지 않는 특별한 성분을 사용할 수 있는 것은 아니다. 화장품은 치료를 위한 의약품이 아니기 때문에, 피부에 사용할 수 있는 성분과 원료들이 정해져 있다. 심각한 피부 트러블이나 피부 질환이 있다면, 의사와 진료를 통해 의약품인 연고나 크림을 처방받는 것이 올바른 치료 방법이다.

화장품 광고와 마케팅

화장품 광고만 보면 사고 싶어지는 이유

화장품 광고와 마케팅은 소비자의 구매욕을 자극하기 위해서 만들어진 것이다. 기본적인 기능, 효과, 사용 후기를 소개하고, 유명 연예인이나 인플루언서를 통해 제품의 좋은 점을 알린다. 사실 이것은 화장품 광고의 순기능이다. 화장품에 사용된 성분에 대한 정확한 정보를 전달하고, 실험 결과로 밝혀진 작용을 소개하고, 실제 사용자들의 반응 조사를 보여주며 이러한 이유로 당신에게도 추천하니, 한번 사용해보라고 말하는 거니까.

문제는 허위 과장 광고다. '화장품은 인체에 대한 작용이 경미한 것'이라고 화장품법 제2조에 명시하고 있다. 그래서 화장품 성분은 부작용이 있으면 안 되고, 의약품이 아니므로 질환을 치료하는 것처럼 광고해서도 안 된다. 일단 의약품처럼 광고되면, 소비자는 다른 화장품에 비해 효과가 월등히 나은 것처럼 느껴 지갑을 열게 된다. 화장품을 사용하면서 자신이 속았다는 것을 깨닫게 된다. 이렇게 속는 소비자들이 계속 생겨나고 있는 사이 그 화장품 회사의 매출은 쑥쑥 올라간다. 이것은 자율 경쟁 원칙을 위배하는 것이므로, 이에 식약처에서는 화장품법에 〈화장품 표시, 광고의 표현 범위 및 기준〉을 제시하여, 화장품 광고 모니터링과 함께 위반 시 권고 및 행정 처분을 내리기도 한다. 실제 우리가 화장품 광고에서 자주 보는 '살균', '해독', '디톡스', '세포 재생', '의사 추천'이란 용어는 화장품 광고에서 사용해서는 안 된다.

편견을 만드는 화장품 광고

우리는 화장품 광고를 통해서 피부와 화장품에 대한 정보를 얻곤 한다. 기업들의 화장품 판매에 대한 경쟁은 치열하다. 화장품 회사는 화장품의 특성을 설명하기 위해서 원료의 특성, 피부 타입에 대한 특성, 피부와의 적합성 등을 분석하여 여러 가지 연구와 실증 자료를 보여준다. 그런데 광고할 때 자신의 제품이 가진 장점만 최대한 부각하다 보니, 실제 소비자들은 반쪽짜리 정보를 이 제품 전체에 대한 정보인 양 받아들이게 되고, 때론 자신의 피부 타입이나 현재 피부 상태에 맞지 않는 제품인데 모르고 사용하게 되는 경우도 있다.

약산성 클렌저와 피부

1999년 말 화장품 광고가 하나 나왔다. '건강한 피부의 pH는 5.5'이란 카피로 당시 유명했던 이태란 배우가 나왔던 존슨앤존스의 페이셜 워시 광고다. 이전까지의 클렌저는 깨끗한 세정력을 위해서 알칼리성 제품이 주류를 이루었으나, 이 광고를 기점으로 소비자들이 약산성과 피부의 관계에 대한 인식하기 시작했고 화장품 회사들도 앞다투어 약산성 클렌저를 출시하기 시작했다. 이제는 소비자들이 먼저 클렌저를 고를 때, 약산성인지 살펴보기도 한다. 하지만 전문가들은 약산성 클렌저를 모든 피부에 권장하지 않는다.

피부와 pH

pH란 'Percentage of Hydrogen ions'의 약자로 수소 이온 농도를 말하는데, 산성 정도를 수치로 표시한다. 건강한 피부 표면(각질층)의 pH는 4.5~5.5 약산성으로 많이 알려져 있으나, 실제로 pH를 말할 때 정확한 용어는 다음과 같다.

0 1 2	3 4	5 6	7	8	9 10	11 12 13
강산성 약 3 이하	약산성 약 3~약 5	미산성 약 5~약 6.5	중성 6.5~7.5	미알카리성 약 7.5~약 9	약알카리성 약 9~약 11	강알카리성 약 11 이상

일반적으로 건강한 신체의 내부 기관 pH는 중성에 가까우나, 피하지방을 지나 진피, 표피에 이르러서는, 즉 피부 표면에 가까울수록 pH 4.5~5.5를 나타낸다. 피부 관리는 피부 표면에 대한 것이므로, 각질층의 pH가 중요하다. 피부의 pH는 연령별, 성별, 피부 부위별, 피부 질환별로 다르게 나타날 수 있으나, 건강한 피부의 pH는 4.5~5.5로 정확하게 약산성과 미산성 사이에 걸쳐져 있다. 미산성 조건에서는 피부 보호막이 조성되어, 속은 피부 수분을 유지하기 쉽고, 겉은 유분막을 형성하여 윤기나는 피부를 유지할 수 있다. 그러므로 피부가 미산성을 유지하면, 피부 유익균이 번식할 수 있고, 알칼리 환경을 좋아하는 세균과 바이러스의 침입을 막을 수 있다. 피부가 산성에 가까우면 유분이 많아져 피부가 번들거리고, 알칼리성에 가까우면 피부 각질이 잘 일어나고, 건조해진다. 건강한 피부는 미알칼리성 세안제를 썼다고 하더라도, 금방 pH를 원래 수준으로 돌려놓기 때문에 걱정하지 않아도 된다. 그러나 피부 장벽에 문제가 있거나, 민감성, 여드름 또는 아토피, 극도로 건조한 피부인 경우에는 미산성 클렌저를 사용해서 pH밸런스를 맞춰주는 것이 필요하다. (실제 화장품 업계에서는 미산성이라는 세부 단어를 잘 사용하지 않으므로, 이 책에서는 약산성(미산성 포함) 4.5~6.5 / 중성 6.5~7.5 / 약알칼리성 7.5~9로 분류하여 용어를 사용하였다.)

약산성 클렌저의 장점은 자극이 적고, pH가 잘 맞춰져 있다는 것이지

만 세정력이 떨어지기 때문에, 진한 메이크업을 했다거나 피지가 많은 지성 피부인 경우에는 노폐물이 제대로 제거되지 않는다. 건조한 피부, 민감한 피부, 아토피 피부, 여드름 피부인 경우는 약산성 클렌저가 피부 pH를 정상화시키는 데는 좋다. 하지만 건강한 피부는 굳이 약산성 클렌저를 사용하지 않아도 된다. 우리 피부는 본래의 상태로 돌아가려는 항상성을 가지고 있기 때문에, 금방 약산성으로 돌아와 이 상태를 유지하게 된다. 그럼에도 불구하고 알칼리성 클렌저가 부담되면 중성 클렌저를 추천한다.

향료의 알레르기 유발 성분과 EWG 안전성 등급[1]

화장품에는 여러 가지 화학 성분들이 혼합된다. 위의 약산성 클렌저 설명에서도 언급했듯이, 이 화학 성분 중 건강한 피부에는 전혀 문제가 없으나 민감한 피부에 자극이 될 수 있는 성분들이 일부 포함된다. 특히 향료 성분 중에는 알레르기를 유발하는 성분들이 다수 포함되어 있다. 피부 문제가 있거나 민감한 피부를 가진 사람들에게 주의하라는 의미에서 식약처는 '알레르기 유발 성분'을 고시하여 화장품 회사로 하여금 향료에 일정 비율 이상 포함될 경우에 이 성분들을 의무적으로 표시하도록 규정하고 있다. 그런데 일부 화장품 회사는 자신의 제품을 광고할 때, 바람직하지 못한 방법으로 활용하고 있다. '알레르기 유발 성분'이 포함되면 피부를 상하게 하거나

1 미국의 비영리법인인 환경 단체가 화장품 원료의 안전성을 평가해 매긴 등급을 말한다. 1~10등급까지 있으며 숫자가 작을수록 안전하다는 의미이다. 1~2등급은 '그린 등급'으로 안전도가 높고 3~6은 노란색으로 보통을 뜻하며, 7~10등급까지는 빨간색으로 위험도가 가장 높다.

피부를 망쳐놓는 것처럼 설명하기 때문에, 소비자들은 피부에 문제가 생기지 않을까 걱정하고 그에 대한 공포를 느끼게 된다. 사용하면 기분이 좋아지는 향이고, 자신에게는 아무런 알레르기 반응을 일으키지 않음에도 불구하고, 알레르기 유발 성분이라는 표시만 보고 편견이 생기면 혹시 알레르기가 생기지 않을까 걱정이 되어 사용을 기피하게 된다. 어쩌면 자신의 피부에게 잘 맞고, 기분까지 좋아지게 하는 화장품을 사용할 기회를 놓치고 있는지도 모른다.

미국의 환경 그룹에서 발표하는 EWG 안전성 등급도 마찬가지이다. 특정 성분에 대해 "안전하지 않다"고 하면 소비자들은 걱정이 많아진다. 그러나 알고 보면, 근거가 부족한 자료가 태반이다. 소비자들은 근거 자료가 부족하다는 표시에는 관심이 없다. 그린색 등급이면 안전하다고 맹신한다.

믿을 수 있는 화장품 어디 없나요?

화장품은 피부를 건강하게 유지하기 위해서 바르는 것이지만, 그 성분은 화학적 원료도 다수 포함한다. 자연주의 콘셉트의 화장품이 인기를 끌면서 천연 화장품, 유기농 화장품 제도가 신설되긴 했지만, 이런 화장품도 100% 자연 원료만 사용할 수 없다. 화장품이라는 것은 피부에 바르기 위해서 인위적으로 만든 제품이기 때문이다.

화장품이 없던 시대의 여성들은 피부 관리를 위해, 정제되지 않은 오일을 피부에 그대로 바르곤 했다. 적당량의 물과 약간의 오일을 뚜껑이 있는

통에 넣고, 열심히 흔들어보라. 흔드는 즉시 일시적으로 물과 기름이 섞인 것처럼 보일 수 있다. 그때 재빨리 일부를 피부에 바른다. 그러면 물과 오일이 동시에 피부에 발리고, 유수분이 공급된다. 그 통을 다시 가만히 두면, 물은 아래로 오일은 위로 분리된다. 다음 날 다시 세안을 하고 똑같이 흔들어 피부에 바르면, 유분과 수분이 동시에 공급된다. 이렇게 바르다 보니, 사람들은 매번 흔들어 섞어야 하는 수고로움 없이 오일과 물을 동시에 적절하게 섞인 상태로 함께 바르고 싶은 생각이 들었을 것이다. 산업이 점점 발달하고, 이런 사람들의 수요가 늘다 보니, 자연스럽게 오일과 물을 적절하게 섞는 계면활성제(유화제)가 개발되었고, 이렇게 로션과 크림이 생겨났다. 즉, 로션이나 크림을 만들기 위해서는 유화제라는 화학적 원료를 사용해야 한다. 물론 이 화학적 원료도 자연에서 추출한 원료를 가지고 만들 수 있다. 그러나 자연에서 추출한 원료를 가지고 가공한 합성 원료이므로 엄밀히 말하면 천연 원료는 아니다. 그런데 소수의 뷰티 유튜버들은 화장품에 대해 정확하게 알지 못하고 있는 소비자들에게 인공적으로 만든 화학 성분은 피부에 악영향을 미친다는 멘트로 공포심을 불어넣기도 한다. 이들이 위험해서 추천하지 않는다고 하는 대표적인 원료로는 화학적 계면활성제, 페트롤라텀(제품명 바세린), 미네랄 오일, 실리콘 오일, PEG 등이 있고, 일부 향료에 포함된 알레르기 유발 성분, 배합 한도가 있는 성분들도 있다.

PEG가 발암 물질이라는데, 화장품에 왜 들어가나?

PEG(Polyethylene glycol/폴리에틸렌글라이콜)는 일부 뷰티 유튜버와 공포 마케팅을 하는 화장품 업체들 사이에서 발암 물질의 원료로 소개가 된 뒤, 소비자들의 기피 대상이 된 원료 중 하나다. 그들이 주장하는 것은 폴리에틸렌글라이콜의 제조 시 에톡실화의 부산물로 소량의 1,4-다이옥세인이 생성될 수 있다는 것인데, 현재의 화장품 제조 기술로 제거할 수 있으며, 우리나라를 포함한 중국 등 다른 국가에서도 화장품에 잔류하는 다이옥산의 한도를 정하여 엄격하게 관리하고 있다. 또한 미국에서는 CIR(Cosmetic Ingredient Review, 화장품 원료 검토 위원회/세계적인 과학자와 의사로 구성된 비영리 과학단체)에서도 안전성이 평가된 바 있다. 즉, 화장품에 잔류하는 다이옥산은 공포 마케팅의 당사자들이 주장하는 만큼 잔류하지도 않고, 지금까지 화장품이 검출되었다는 화장품이 있었지만, 제조 과정 중이나 유통 중에 생성된 것으로 결과는 모두 국내 다이옥산 허용치 이하였다.

국가	국내	중국	대만	유럽
허용치	100up/g 이하	30ppm	100ppm	10ppm

우리나라에서는 식약처가 화장품 제조사와 시판되는 화장품들을 엄격히 관리, 감독하고 있다. 화장품에서 가장 중요한 것은 무엇보다 소비자의 건강과 안전이기 때문에 모든 화장품 및 성분의 안전성은 전 세계적으로도 엄격히 관리되고 있다. 제품이 출시되기 전 소비자에게 판매되기까지 모든 제품은 적합한 시험 및 검사 과정을 거치고 있기 때문에, 안심하고 사용해도 된다. 소비자의 공포 심리를 부추기는 정보는 반드시 팩트 체크(사실 확인)가 이루어져야 하며, 잘못된 정보를 거르는 힘을 길러야 현명한 소비를 할 수 있다.

EWG 등급이 높은 것만 찾아요!

"전부 EWG 그린 등급으로 해주세요."

화장품을 제조 의뢰하러 오는 고객사 담당자들, 10명 중 6명은 이렇게 말한다. 고객사 담당자의 연령이 40대 미만이라면 95% 이상이다. 화장품을 직접 판매하는 분들이 EWG 그린 등급을 강조하는 첫 번째 이유는 요즘 트렌드가 그러하기 때문이고, 두 번째는 자신들의 제품에는 화학 원료가 전혀 포함되지 않아 피부에 절대적으로 안전하다는 것을 강조하길 원하기 때문이다.

EGW가 뭐길래?

EWG는 Skin® Deep이라는 사이트(https://www.ewg.org/skindeep)에 퍼스널 케어 및 화장품, 그리고 성분에 대한 데이터 베이스를 갖추고, 위험 점수(안전 등급)와 데이터 가용성(데이터 등급)에 대한 점수를 나누어 표시하고 있다.

첫 번째, 안전 등급은 성분과 관련된 모든 위험을 반영하고 있다. 위험의 정도나 등급에 따라서 1~10등급으로 나누고, 색상을 달리 표시한다. 그래서 요즘 소비자들은 초록색 표시가 있으면 안전한 것으로 인식하고, 주황색은 위험한 성분일 것 같아 선택을 주저하게 되고, 빨간색은 아예 거부감을 보이는 경우가 많다.

위험 점수(안전 등급)

두 번째, 데이터 등급은 해당 제품 또는 성분에 대한 출판된 과학 문헌에 있는 연구 자료의 수를 반영한 것이다. 이를 5가지 등급으로 표시하고 있다.

그럼 실제로 이들이 제시한 등급이 정말 신뢰할 수 있는지 예를 들어 보자. 우리가 다 알고 있는 화장품의 기본 원료가 되는 '정제수'를 검색에 넣어서 등급을 확인해보면, 굉장히 많은 데이터를 가지고 있고, 위험 등급도 낮은 것으로 표기했다. 그래서 전체적인 안전 등급은 1등급, 그린 등급이다. 연구 자료가 많으면 많을수록 안전 등급을 평가하는 충분한 근거가 된다. 그러나 문제는 연구 자료가 제한적이거나 없어서 그린 등급이라고 평가할 근거가 부족한데도 불구하고 그린 등급이라고 표시되는 원료의 경우다.

또 다른 예로 향료를 들어보자. 향료는 자연 향료와 인공 향료로 나누어져 있다. 이때 일반적인 향료, Fragrance라고 하면 8등급(레드)이다. 인공 향료가 조금이라도 들어가면 레드 등급이 포함되니 모든 성분이 그린 등급인 화장품이 될 수 없다. 자연 향료도 몇 가지만 제외하면 등급이 낮아진다. 여드름이나 트러블 피부에 자주 사용되는 티트리 오일Melaleuca alternifolia leaf oil의 등급은 6등급(주황), 심지어 근거 자료의 양은 제한적이다. 성분에 대해 잘 모르는 소비자들은 막연하게 티트리 오일 성분이 '피부에 자극이 되어 안전하지 않다'는 선입견을 가지게 된다. 실제 항균 효과가 있어 여드름이나 트러블 케어에 쓰이는 티트리 오일처럼 자신의 피부에 필요한 성분임에도 불구하고 이를 놓치는 경우가 생긴다. 그러므로 EWG 등급은 안전성을 판단하는 자료로써 신뢰할 수 없으며, 자신의 피부에 맞는 성분을 골라내는 지표 역할 역시 할 수 없다.

왜? 이렇게 신경을 쓰는 걸까?

소비자들이 예전에 비해 까다로워졌다. 자신의 안전을 지키기 위해 식품과 화장품은 기본, 생활용품조차도 그 성분과 원재료를 꼼꼼하게 확인하고 구매하는 소비자, 체크슈머checksumer[2]가 늘어났다. 자연스럽게 화장품 기업 입장에서는 소비자의 트렌드를 반영해서, 자신들의 화장품이 안전하다는 것을 강조하고자 한다. 그런데 EWG에서 안정성 등급을 분류해서 내놓았으니, 기업 입장에서는 마케팅하기 이보다 편할 수 없다. "화장품에 이런 몹쓸 화학적, 나쁜 원료를 쓰지 않고, 우리는 1~2등급짜리 착한 원료만 사용하고 있어요"라고 말하면서, EWG에서 분류한 그린 등급과 로고를 보여주면 된다. 해당 등급에 대해 정확한 지식이 없는 대부분의 소비자는 "아! 안전하구나, 이 회사 믿을 수 있구나" 하며 쉽게 신뢰한다. 중요한 것은 마케팅을 하는 기업들도 EWG가 내놓은 자료가 정확한지, 아닌지를 모른다는 것이다. 어떤 기업은 알면서도 소비자가 원하니까, 그냥 그린 등급을 내세운다. 위에서 설명한 안전성 등급에 근거가 되는 데이터가 전혀 없어도, 색깔이 초록색이면, 그린 등급이라고 강조한다. 자료가 '없음' 또는 '제한적임'이어도 괜찮다. 그들에게는 초록색만이 중요한 것이다.

---

2 확인(Check) + 소비자(Consumer)의 합성어

유명한 화장품 vs 가성비 좋은 화장품

화장품과 성분에 대해 조금이라도 공부를 하다 보면, 화장품의 실체가 눈에 들어온다. 화장품이 비싸다고 다 좋은 것은 아니고, 싸다고 다 나쁜 것은 아니다. 가장 중요한 것은 자기에게 맞는 화장품을 찾는 것이다. 시중에는 참으로 비슷한 화장품이 많이 나와 있다. 어떤 화장품 A가 인기 있다 싶으면, 화장품 회사들은 보통 비슷하게 따라 만들거나, 같은 제조사에 연락해서, 기존의 A 화장품과 비슷하게 만들어 달라고 요청하는 경우가 많다. 그래서 같은 회사에서 만든 화장품이라 해도 판매하는 회사가 어떤 회사인지, 어떤 마케팅 방법을 사용하는지에 따라서 판매량이 달라진다. 또 사람들은 보통 사용감을 보고 화장품이 좋고 나쁨을 판단하기 때문에, 실제 유효 성분이 별로 없어도 화장품 제형의 텍스처와 피부 사용감이 좋으면, 좋은 화장품이라고 생각할 수도 있다.

다음 표에 있는 2개의 화장품을 보자. 둘 다 세안 후에 바로 사용하는 스킨 종류의 화장품이다. 원료를 잘 아는 사람들은 화장품을 선택할 때, 마케팅 포인트와 성분을 함께 체크할 것이다. 화장품 스킨류의 가장 큰 부분을 차지하는 베이스 원료를 비교해보면 제품 A와 제품 B가 가격적인 측면을 고려했을 때, 제품의 가격이 서로 반대가 아닌가 하는 생각이 들 정도다. 물론, 1% 미만 들어있는 유효 성분 중에서 특허를 받았다거나, 완전히 신기술이거나, 아주 고가의 화장품 원료가 포함된 경우도 있다.

예시 제품 A

브랜드 화장품, 스킨류(세안 후 처음 사용하는 화장품)

가격 60ml-105,000원

제형 약간 점도가 있는 액체

전성분

정제수, 변성알코올, 부틸렌글라이콜, 베타인, 1,2-헥산다이올, 비스-피이지-18 메틸에터다이메틸실레인, 글리세릴폴리메타크릴레이트, 프로판다이올, 카보머, 피피지-13-데실테트라데세스-24, 프로메타민, 글리세릴카프릴레이트, 황금추출물, 에틸헥실글리세린, 향료, 아데노신, 리모넨, 덱스트린, 카카오추출물, 메틸트라이메티콘, 다이소듐이디티에이, 잔탄검, 셀루로오스검, 카라기난, 꿀, 마데카소사이드, 지황뿌리추출물, 펜틸렌글라이콜, 다이포타슘글리시리제이트, 3-O-에틸아스코빅애시드, 타우린, 소엽맥문동뿌리추출물, 작약뿌리추출물, 마돈나백합비늘줄기추출물, 바이오사카라이드검-1, 프로필렌글라이콜, 인삼추출물 일부 생략

1% 이상 원료 분석(원료가 많은 순서)

- 정제수: 기본 용제(베이스)
- 변성알코올: 피부에 흡수를 용이하게 함
- 부틸렌글라이콜: 피부 보습 및 보존 효과
- 베타인: 보습 효과
- 1,2-헥산다이올: 피부 보습 및 보존 효과

마케팅 포인트 피부 턴 오버 개선 / 손상된 피부 장벽 개선 / 노화 징후 개선 / 피부 본연의 능력 활성화

예시 제품 B

중소기업 화장품, 스킨류(세안 후 처음 사용하는 화장품)

가격 200ml - 27,000원

제형 점도 없는 물 타입의 액체

전성분

프로방스장미꽃수, 정제수, 부틸렌글라이콜, 갈락토미세스발효여과물(농축액11%), 나이아신아마이드, 녹차추출물, 올리브오일피이지-7에스터, 프로판다이올, 브로콜리추출물, 밤부사불가리스추출물, 코치닐선인장열매추출물, 소듐하이알루로네이트, 라벤더오일, 팔마로사오일, 아데노신, 1,2-헥산다이올, 펜틸렌글라이콜, 시트릭애시드, 글리세릴카프릴레이트, 카프릴릴글라이콜, 폴리쿼터늄-51, 트로폴론

1% 이상 원료 분석(원료가 많은 순서)

- 프로방스 장미꽃수: 기본 용제(베이스), 수분 공급, 피부 진정
- 정제수: 기본 용제(베이스)
- 부틸렌글라이콜: 피부 보습 및 보존 효과
- 갈락토미세스 발효 여과물: 누룩에 존재하는 유익균으로 만든 원료, 매끈하고 환한 광채 피부
- 나이아신아마이드: 미백
- 녹차 추출물: 녹차의 폴리페놀 성분으로 피부 노화 예방, 피부 진정
- 올리브 오일 피이지-7 에스터: 올리브에서 추출 합성한 가용화제 겸 유화제(오일을 물에 녹여주는 작용)

마케팅 포인트 피부 톤과 주름 개선 / 피부 본연의 광채 / 영양과 수분 충전 / 각질 개선

다양한 소비자별 화장품 사용법

영유아, 어린이 화장품	영유아와 어린이 피부는 어른 피부처럼 다 자란 것이 아니다. 유해 환경과 자극에 민감하다. 어른 화장품처럼 특별한 기능이 있는 것보다는 피부의 유수분 밸런스를 맞춰주는 기본에 충실한 화장품, 화학 성분보다는 자연 유래 성분이 함유된 화장품을 선택하여 사용하는 것을 권장한다.
청소년 화장품	여드름은 청소년 시기에 피지의 과잉 분비로 인해 생기는 것으로 대부분의 청소년들이 고민하는 피부 문제다. 피지가 쌓여 모공을 막지 않도록 클렌징에 신경을 쓰고, 모공을 막는 메이크업을 했다면, 더욱 클렌징을 중요시해야 한다. 여드름 없는 매끈한 피부를 원한다면 꼼꼼한 클렌징은 필수다.
남성 화장품	남성의 피부는 여성에 비해 두껍고, 모공이 크고, 피지 분비량이 많다. 그렇다고 모든 남성의 피부가 똑같지 만은 않다. 피부에 관심이 있다면, 자신 피부의 특징을 정확히 알고 화장품을 선택하는 것이 좋다. 피부가 예쁜 꽃미남으로 등극하고 싶다면, 여성의 화장품에 관심을 두고 테스트해보라. 그리고 꾸준히 관리해보라. 점점 광채 피부로 빛나는 얼굴을 보고, 사람들이 “얼굴에 뭐 했어?”라고 물어볼지 모른다.
실버 화장품	나이가 들면 내인성 노화와 함께 피부가 서서히 건조해지고, 주름이 깊어진다. 얼굴은 기능성 화장품으로 미백과 주름을 개선하고, 에센스로 수분을 빵빵하게 채우고, 수분이 증발되지 않도록 영양 크림으로 잘 덮어주는 것이 좋다. 몸이 가렵고 건조해졌다 싶으면 가벼운 바디 로션보다는 바디 오일이나 크림, 바디 버터를 바르는 것이 좋다. 더 깊은 주름과 탄력 저하, 검버섯 등 색소 침착은 자외선으로 인해 더 악화될 수 있으니, 자외선 차단제는 365일, 매일 사용하는 것이 좋다.
암 환자 화장품	암 환자의 경우에는 수술, 항암 치료를 비롯한 각종 치료의 부작용으로 피부가 건조해진다. 보습 관리가 아주 중요하며 피부에 자극이 되는 성분이 들어있지 않는 순한 화장품을 선택하여 사용해야 한다. 몸 상태가 너무 나쁘지 않다면, 건강과 함께 피부 관리에 신경을 쓰는 것이 좋다. 기분도 좋아지고, 건강을 회복하는 데도 큰 도움이 된다.

부록 3

화장품 포장재에서 많은 정보 얻기

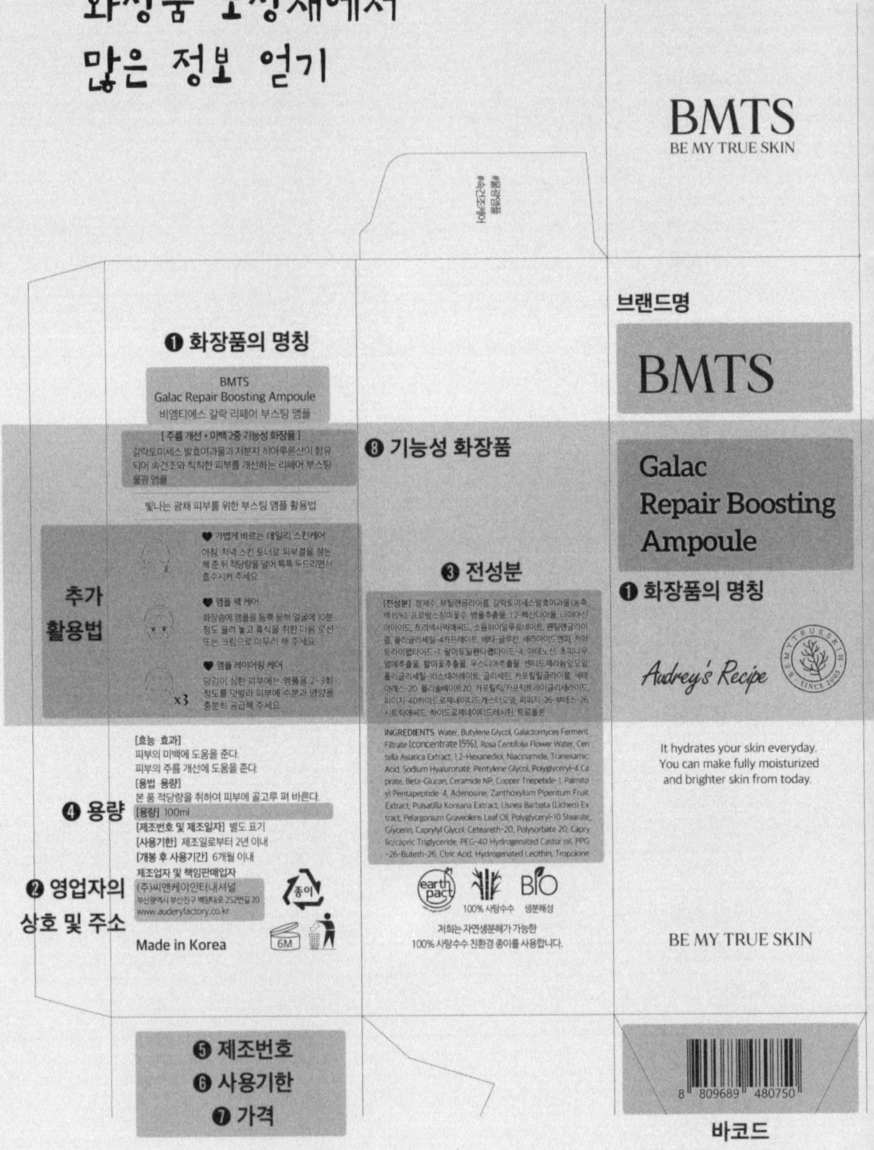

BMTS
BE MY TRUE SKIN

#물광앰플
#속건조케어

❶ 화장품의 명칭

BMTS
Galac Repair Boosting Ampoule
비엠티에스 갈락 리페어 부스팅 앰플

[주름 개선 + 미백 2중 기능성 화장품]
갈락토미세스 발효여과물과 저분자 히아루론산이 함유되어 속건조와 칙칙한 피부를 개선하는 리페어 부스팅 물광 앰플

빛나는 광채 피부를 위한 부스팅 앰플 활용법

추가 활용법

♥ 가볍게 바르는 데일리 스킨케어
아침, 저녁 스킨 토너로 피부결을 정돈해 준 뒤 적당량을 덜어 톡톡 두드리면서 흡수시켜 주세요.

♥ 앰플 팩 케어
화장솜에 앰플을 듬뿍 묻혀 얼굴에 10분 정도 올려 놓고 휴식을 취한 다음 로션 또는 크림으로 마무리 해 주세요.

♥ 앰플 레이어링 케어
x3
당김이 심한 피부에는 앰플을 2~3회 정도를 덧발라 피부에 수분과 영양을 충분히 공급해 주세요.

[효능 효과]
피부의 미백에 도움을 준다.
피부의 주름 개선에 도움을 준다.
[용법 용량]
본 품 적당량을 취하여 피부에 골고루 펴 바른다.

❹ 용량
[용량] 100ml
[제조번호 및 제조일자] 별도 표기
[사용기한] 제조일로부터 2년 이내
[개봉 후 사용기간] 6개월 이내
제조업자 및 책임판매업자

❷ 영업자의 상호 및 주소
(주)씨앤케이인터내셔널
부산광역시 부산진구 백양대로 252번길 20
www.auderyfactory.co.kr

종이
6M
Made in Korea

❽ 기능성 화장품

❸ 전성분

[전성분] 정제수, 부틸렌글라이콜, 갈락토미세스발효여과물(농축액15%), 프로방스장미꽃수, 병풀추출물, 1,2-헥산다이올, 나이아신아마이드, 트라넥사믹애씨드, 소듐하이알루로네이트, 펜틸렌글라이콜, 폴리글리세릴-4카프레이트, 베타-글루칸, 세라마이드엔피, 카퍼트라이펩타이드-1, 팔미토일펜타펩타이드-4, 아데노신, 초피나무열매추출물, 할미꽃추출물, 우스니아추출물, 센티드제라늄잎오일, 폴리글리세릴-10스테아레이트, 글리세린, 카프릴릴글라이콜, 세테아레스-20, 폴리솔베이트20, 카프릴릭/카프릭트라이글리세라이드, 피이지-40하이드로제네이티드캐스터오일, 피피지-26-부테스-26, 시트릭애씨드, 하이드로제네이티드레시틴, 트로폴론

INGREDIENTS Water, Butylene Glycol, Galactomyces Ferment Filtrate (concentrate 15%), Rosa Centifolia Flower Water, Centella Asiatica Extract, 1,2-Hexanediol, Niacinamide, Tranexamic Acid, Sodium Hyaluronate, Pentylene Glycol, Polyglyceryl-4 Caprate, Beta-Glucan, Ceramide NP, Copper Tripeptide-1, Palmitoyl Pentapeptide-4, Adenosine, Zanthoxylum Piperitum Fruit Extract, Pulsatilla Koreana Extract, Usnea Barbata (Lichen) Extract, Pelargonium Graveolens Leaf Oil, Polyglyceryl-10 Stearate, Glycerin, Caprylyl Glycol, Ceteareth-20, Polysorbate 20, Caprylic/capric Triglyceride, PEG-40 Hydrogenated Castor oil, PPG-26-Buteth-26, Ctric Acid, Hydrogenated Lecithin, Tropolone

earth pact
100% 사탕수수
BIO
생분해성

저희는 자연생분해가 가능한
100% 사탕수수 친환경 종이를 사용합니다.

브랜드명

BMTS

Galac
Repair Boosting
Ampoule

❶ 화장품의 명칭

Audrey's Recipe

BE MY TRUE SKIN · SINCE 2005

It hydrates your skin everyday.
You can make fully moisturized
and brighter skin from today.

BE MY TRUE SKIN

❺ 제조번호
❻ 사용기한
❼ 가격

8 809689 480750

바코드

화장품 포장에는 제품에 대한 다양한 정보가 담겨져 있다. 화장품용기와 라벨, 첨부 문서에 있는 정보를 잘 확인한다면, 자신에게 맞는 올바른 화장품을 선택할 수 있다.

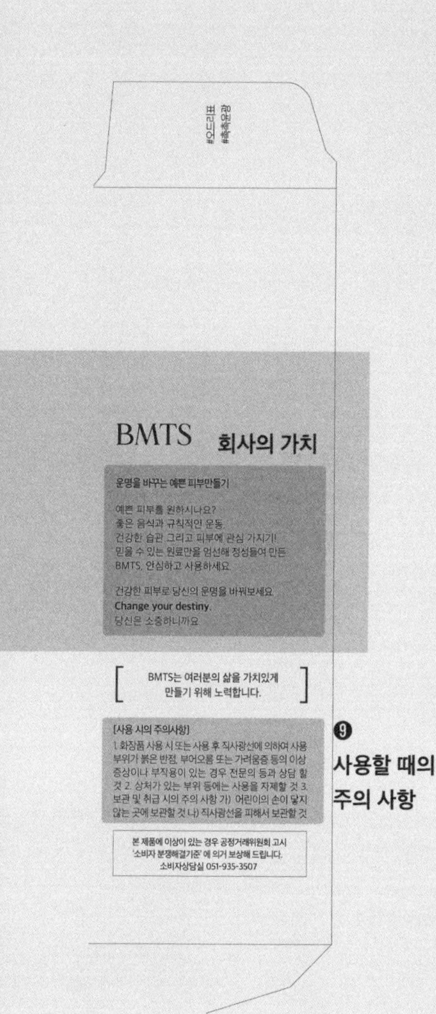

❶ 화장품의 명칭

❷ 영업자의 상호 및 주소

❸ 전성분: 함량이 많은 성분이 앞에 표시된다. 단, 1% 이하 성분들은 무작위 순서로 기입된다. 함량이 적더라도, 자신에게 주의해야 할 성분이 있는지 확인하는 것이 좋다. 특히 향료에 있어서 알레르기 유발 성분은 법적으로 의무표시사항이므로, 향료에 민감한 사람은 반드시 확인이 필요하다.

❹ 내용물의 용량 또는 중량

❺ 제조 번호

❻ 사용 기한 또는 개봉 후 사용 기간

❼ 가격

❽ 기능성 화장품의 경우 '기능성 화장품'이라는 글자 또는 기능성 화장품을 나타내는 도안으로서 식품의약품 안전처장이 정하는 도안

❾ 사용할 때의 주의 사항

❿ 그 밖에 총리령으로 정하는 사항

부록 4

화장품 회사 구분하기

화장품 포장을 보다 보면, 화장품 회사의 이름이 여러 개 나오는 경우가 있다. 소비자의 입장에서는 많이 혼동되기 때문에, 화장품 회사의 종류에 따라 어떤 일들을 하는지 알아보자.

① 화장품 제조업자

화장품을 직접 제조하는 회사이다. (원료 선정, 제조, 품질 관리 포함)

② 화장품 책임판매업자

화장품 제조 회사가 생산한 제품을 수입 또는 구매하여, 해당 제품을 판매하는 회사로 브랜드를 가지고 유통과 마케팅에 집중하는 회사이다. 이를 테면, '○샤' 브랜드를 비롯한 대다수의 화장품 회사들은 직접 제조하지 않고 여러 가지 화장품을 판매 유통하고 있다. 실제 이 회사의 제품을 제조하는 회사들이 제품마다 각각 다르다. 각기 다른 제형에 알맞은 제조 회사에 외주를 전적으로 맡기고 자신들은 판매와 유통에 집중한다. 소비자와 소통하면서 제품의 효과성, 안전성, 품질 등에 대한 책임을 지고 있다.

③ 화장품 유통판매업자

책임판매업자로부터 화장품을 구매해 단순히 유통과 판매만 담당하는 회사다. 소비자와 소통하고 있는 점은 책임판매업자와 같으나 제품의 효과성, 안전성, 품질에 등에 대한 책임은 없다.

요즘은 화장품 책임판매업자의 수가 점점 증가하고 있다. 화장품 생산을 OEM, ODM을 제조 회사에 맡기기 때문에, 화장품의 성분과 제형에 대해서 잘 모른채, 마케팅을 하는 회사도 적지 않다. 화장품 제조 회사는 책임판매회사에서 요청하는 대로 제품을 생산하고 있으므로, 유명한 제조 회사의 제품이라 하더라도 제품 콘셉트와 포지셔닝에 따라서 제품의 질이 달라지므로, 자신이 원하는 화장품이 어떤 것인지를 잘 알고 구매하는 것이 좋다.

참고 자료

논문

1. The 500 Dalton rule for the skin penetration of chemical compounds and drugs, Jan D. Bos, Marcus M. H. M. Meinardi, *Experimental Dermatology,* 2000, 9(3):165-9
2. The Stratum Corneum Revisited., Peter M. Elias, *The Journal of Dermatology,* 1996, vol.23
3. '장기간 운동에 따른 안면 피부 상태와 주관적 안녕감에 관한 사례 연구', 이동섭·손준호·류호상, 영남대학교, 〈한국스포츠심리학회지〉, 2018, vol.29
4. '네틀 추출물의 항균성과 두피에 미치는 영향', 김윤주, 을지대학교 보건대학원(학위논문, 석사), 2016.
5. '유산소 운동 강도가 안면 피부의 수분량, 유분량 및 탄력도에 미치는 영향', 한정숙, 국민대학교(학위논문, 석사), 2005.
6. '정신 건강과 일반적 신체 건강 간 관계', 김현정·고영건, 고려대학교, 〈한국심리학회지〉, 2016, vol.21
7. '여드름 피부에 효능 및 안전성을 가진 성분의 연구 동향', 이주연·손효정, 한국피부과학연구원, 아시안뷰티화장품학술지, 2018. vol.16
8. '효소에 의한 실크 세리신의 가수분해와 항산화 효과', 김무곤·오한진·이지영·이정용·이기훈, 서울대학교, 월드웨이(주) 생명공학연구소, 대한화장품학회, 2009.
9. Clinical Study on Itching Relief Caused by Dry Skin of Cosmetics Containing Ceramide NP and Guaiazulene in Smart Healthcare Products, Su In Park, Jinseo Lee & Moon Sam Shin, *Smart Healthcare Analytics: State of the Art*
10. Bakuchiol: a retinol-like functional compound revealed by gene expression profiling and clinically proven to have anti-aging effects, R. K. Chaudhuri, Krzysztof Bojanowski, *International Journal of Cosmetic Science,* 2014.06.
11. Does poor sleep quality affect skin ageing?, P Oyetakin-White, A Suggs, B Koo, M S Matsui, D Yarosh, K D Cooper, E D Baron, *Clinical Experimental Dermatology,* 2015.01.
12. Topical tranexamic acid as a promising treatment for melasma, Bahareh Ebrahimi, Farahnaz Fatemi Naeini, *Journal of Research in Medical Sciences,* 2014.08.
13. The effect of niacinamide on reducing cutaneous pigmentation and suppression of melanosome transfer, Hakozaki, L. Minwalla, J. Zhuang, M. Chhoa, A. Matsubara, K. Miyamoto, A. Greatens, G.G. Hillebrand, D.L. Bissett, R.E. Boissy, *British Journal of Dermatology,* 2002.06.
14. Final Report on the Safety Assessment of Sodium Laureth Sulfate and Ammonium Laureth Sulfate, Mary Ann Liebert, Inc., Publishers, *International Journal of Toxicology,* 1983.10.
15. 약산성 및 약알칼리성 세안제 사용 후 기초 화장품이 피부 pH에 미치는 영향, 정환희, 건국대학교(학위논문, 석사), 2015.
16. 알코올 섭취가 피부 생리에 미치는 영향, 장우선·김찬웅·김성은·김범준·김명남, 중앙대학교, 〈대한피부과학회지〉, 2010, vol.48
17. 청년과 고령자의 일자리 세대 담론에 대한 연구, 일자리의 질을 중심으로. 지은정, 〈한국사회정책〉, 2022. vol.29

국가 기관 및 병원

1. 〈화장품법〉, 〈시행령〉, 〈시행규칙〉, 국가법령정보센터
2. 〈기능성 화장품 바로 알기〉, 식품의약품안전처(식품의약품안전평가원)
3. 〈맞춤형 화장품 조제 관리사 교수, 학습 가이드〉, 식품의약품안전처, 2020.12.
4. 〈화장품 표시, 광고 관리 가이드라인 [민원인 안내서]〉, 식품의약품안전처(바이오생약국 화장품정책과), 2020.12.
5. 〈소중한 내 피부를 위한 똑똑한 화장품 사용법(대학생, 청소년, 어린이)〉, 식품의약품안전처, 2016.02.
6. '질 세정제? 외음부 세정제? 똑똑하게 사용해요!', 식품의약품안전처 보도자료, 2022.12.
7. 〈건강 정보(자외선)〉, 질병관리청, 2022.08.
8. '화장품 정말 안전한가?', 〈소비자를 위한 화장품 상식〉, 대한화장품협회
9. '화장품 성분! 제대로 알고 있나요?', 〈소비자를 위한 화장품 상식〉, 대한화장품협회
10. '이슈 추적, 진실은 이렇다!', 〈소비자를 위한 화장품 상식〉, 대한화장품협회
11. '환경을 생각하는 화장품', 〈소비자를 위한 화장품 상식〉, 대한화장품협회
12. 〈내년 7월부터 화장품에 미세플라스틱 넣을 수 없다〉, 식품의약품안전처, 2016.09.
13. 〈우리 벌꿀의 피부 미백 및 보습 예방 효과〉, 농촌진흥청, 2019.02.
14. 〈화장품 성분 사전〉, 대한화장품협회
15. '올바른 화장품 사용', 식품의약품안전처, 2023.09.25.
16. 인체 정보(진피), 건강 정보(의료정보), 서울아산병원
17. 당신이 몰랐던 pH 밸런스, 조남준(일산병원 피부과), 〈문안〉, 2019, vol 16

칼럼 및 기사

1. '제7의 영양소, '피토케미컬'을 아시나요?', LG케미토피아(LG화학 홍보 블로그), 2016.08.
2. '2020년 화장품원료 트렌드 12가지는?', 코스인(화장품뷰티노선), 2020.02.
3. '미네랄 오일, 정말 피부에 안 좋을까?', 코스메틱 인사이트, 2018.12.03.
4. '알코올-프리 화장품에 대한 오해와 진실', 시그너쳐, 2022.03.10.
5. '뷰티 신조어, 어디까지 알고 있나요?', 〈보그코리아〉, 2018.11.05.
6. '서울대 정진호 '열 피부 노화' 결과는', 의약뉴스, 2011.05.24.
7. 앞으로 하와이 해변에서 선크림 못 바른다…왜?', 중앙일보, 2018.07.05.
8. '정진호 서울대 의대 피부과 교수 "피부노화는 건강악화 지름길…피부가 곧 능력"', 한국경제, 2020.12.6.
9. '클린 뷰티(Clean Beauty) 시장 현황 분석과 지향점 제언', 김다슬·김별·김지윤·이해인·윤나리, 코스맥스(주) R&I Center Regulatory Lab 글로벌 규정연구팀, 〈KFDC규제과학회지(구 FDC법제연구)〉, 2021.12, vol.16
10. '화장품 산업의 새로운 트렌드, 바이오화장품', KB금융지주경영연구소, 2016.03.
11. '화장품 한류의 미래 바이오 화장품이 이끈다', 윤수영, 〈LG Business Insight(LG경제연구소)〉, 2015.05.
12. '바이오 화장품' 의약과 화장품 경계 허물다, 〈이코노믹리뷰〉, 2016.03.
13. '데오도란트 총 300억 원 규모의 시장 형성', 뷰티경제, 2007.09.01
14. '손 세균 제거 효과, 비누가 가장 탁월', 헬스조선, 2019.09.30.
15. '알로에 전잎 건강 기능 식품, 장기간 섭취에 주의해야', 한국소비자원, 2021.08.30.
16. "삼성 출신'이 설립한 소코글램 "韓화장품에 반해 전도사 되다"', 조선비즈, 2016.05.23.
17. "진정한 코덕'이라면 모두 알고 있는 뷰티 신조어 20', 인사이트, 2017.12.06.

18. '발바닥 굳은살, 화학적 제거 원리와 주의 사항', 케미컬뉴스, 2021.05.03.
19. '각질 제거제 관련 위해 사례 분석', 한국소비자원 보도자료, 2020.6.
20. '건강한 피부를 위한 항산화 식품 '방울토마토'',매경헬스, 2020.08.20.
21. 녹차 많이 마시면 피부 젊어진다, 메디컬타임즈, 2003.06.20.
22. "다이어트 끝판왕' 고구마 칼로리도 낮고, 피부·변비에도 좋아', 온라인중앙일보, 2015.04.28.
23. '건조해진 겨울 피부, 연어 DNA로 건강하고 촉촉하게', 조선일보, 2020.12.07.
24. '감귤의 효능과 기능', 서귀포농업기술센터
25. "클린뷰티' 인기…피해야 할 12가지 화장품 성분, 사실일까?', 헬스조선, 2023.04.13.
26. '중국, 수입화장품 동물실험 의무화 폐지…K뷰티 호재', 팜뉴스, 2021.09.14.
27. '잠자는 숲속의 공주는? 피부미인이무니다~(수면 부족하면 피부도 화가 난다!)', 화장품신문 뷰티누리, 2013.07.25.
28. '[닥터 한의 화장품 파헤치기] '세안 후 스킨'이라는 공식은 이제 버리자', 헬스경향, 2020.05.22.
29. '잠 못자면 얼굴 모양 바뀐다…4시간 덜자면 피부 장벽 회복 4분의 1 수준', 김현정 교수, 메디게이트뉴스, 22.07.24.
30. '액티브 시니어(Active Senior) 새로운 트렌드 리더가 되다', 대한지방행정공제회, 2016.12.
31. '신나는 인생 2막! 액티브 시니어의 등장', 하나은행(Hana 1Q Blog), 2022.5.31.
32. '[100세 인간] ①초고령사회 임박…'노인 1천만명' 시대', 연합뉴스, 2022.08.07.
33. 'Benefits and Side Effects of Glutathione in Skincare', healthnews, 2023.04.04.

도서

1. 김주덕 외 역, 《신 화장품학》, 동화기술, 2018
2. 하병조, 《화장품학》, 수문사, 2010
3. 김경영 외 7인, 《한 권으로 끝내는 화장품학》, 메디시언, 2020
4. 김나영 외 4인, 《화장품 제조 이론 및 실습》, 메디시언, 2022
5. 함익병, 《피부에 헛돈 쓰지 마라》, 중앙books, 2015
6. 정진호, 《피부가 능력이다》, 청림Life, 2015
7. 라타 슈티엔스, 《깐깐한 화장품 사용설명서》, 신경완 옮김, 전나무숲, 2018
8. 김동찬, 《올 댓 코스메틱》, 이담북스, 2021
9. 김난도 외, 《트렌드코리아 2023》, 미래의 창, 2022
10. 최지현, 《화장품이 궁금한 너에게》, 창비, 2019

인터넷 검색 사이트 백과 사전

1. (네이버 질환 백과) ppm, 화학 용어 사전,
3. (네이버 지식 백과, 건강칼럼, 알레르기란, 삼성서울병원
4. (네이버 질환 백과) 여드름, 건강 정보, 서울아산병원
5. (네이버 질환 백과) 기미, 건강 정보, 서울아산병원
6. (네이버 질환 백과) 비듬, 건강 정보, 서울아산병원